新コロナシリーズ 53

気象予報入門

道本 光一郎 著

コロナ社

まえがき

気象衛星により雲の動きの様子が毎時間見ることができ、天気予報を含む気象情報がテレビやラジオ等マスコミを通じて昼夜の別なくちまたにあふれている今日、日本国民一億数千万人が総気象予報官の時代に入ったといってもよいと思います。

さらに、一九九四年から実施されている気象予報士試験も十年以上が経過し、二〇〇五年一月の試験で通算二十三回目となり、現在、五千人を超える気象予報士が誕生して活躍しています。

このような状況の中で、通勤・通学の電車等での読書で、気象の基礎的な事項が手軽にわかり、その内容をもとにして一般の方々が気象予報に気楽に親しめるような簡潔な本を著そうと試みたのが本書です。気象予報の理解に必要不可欠な知識を含み、その理解を助けるための気象学の基礎的事項をも平易に記述するように努めました。

二十一世紀の今日、万人の教養を手軽な書籍にて紹介するための入門書的な記述に努め、基本的な項目についてのみ取り上げたつもりです。台風等による災害が多発している昨今、気象災害や異常気象については、記憶に新しい事象を例にして、それらの成因についても可能な限り話題を提供しました。二酸化炭素の増加による地球温暖化やオゾン層の破壊による紫外線量の増加による人体への影響、さらには都市の気温が上昇するヒートアイランド現象なども懸念されています。このほかにもさまざまな項目がテーマとしては考えられますが、本書は百科事典的な気象学や天気予報の解説をすることを目的にはしていません。このような知識を得ようとする方々は、ちまたに多数ある気象学の教科書や解説書、天気予報の解説書等を参照していただきたいと思います。ただし、本書の最終部分には付録を設け、気象予報士試験について、その内容や受験勉強のための参考事項を簡単に記述しました。気象予報士試験に挑戦される方々は、受験勉強に活用していただければ幸いです。

そして、見事に気象予報士試験に合格した方々はもちろんのこと、一般の方々が「気象予報」に挑戦する際の参考となるような内容に配慮しました。どうか本書を活用して、天気予報はもちろんのこと、気象災害を未然に防止するための注意報や警報等についても理解を深めていただき、「防災対策」の一助としても活用していただければ幸いです。

二〇〇五年五月

道本　光一郎

もくじ

3　四季の気象特性および地域特性

付　録

1　気象予報の基礎知識

気象予報とはなにか？

気象予報とは、天気予報のことでしょうか？　テレビやラジオで発表しているのは、気象情報といっているようですが……。

このようにいろいろな言葉が出てきますが、まず初めに本書の題名にもなっている「気象予報」についての定義をしておきましょう。気象予報とは、ある特定の領域で将来起こりうる大気現象（降水、降雪など）や天気（晴れ、雨、曇りなど）を予測することです。

これらの予測した情報は、防災等のために一般社会に提供されます。このように気象予報は、その利用目的に対応して予報する地域等および期間等が決められているのです。

すなわち、予報の対象となる気象要素により、天気（晴れ、雨、曇り、雪など）予報、降水量、降雪量、気温（最高、最低など）、湿度などの予報に分類されます。また、地域によって、地点（飛行場、空港など）、都府県、地方、全国などに分けられます。さらに、予報時間によって、一時間、三時間、六時間、日、週間、旬、月などの場合分けがあります。

天気予報という言葉は、気象予報の中の「天気（晴れ、雨、曇りなど）」を予測して報ずることですが、あわせて最高・最低気温や降雨量なども提供されるので、通常は「気象情報」と呼んでいます。

気象予報というときには、天気予報を含むその他いろいろな気象要素を総合的に予測し、報ずることといえましょう。

さて、気象予報を行う場合には「気象学」の知識が必要となります。気象学とは、日常の自然現象の謎を探る学問であり、人間が感じる自然現象の不思議さを解明し、その解明した結果はすぐに一般社会に対して有益となる学問です。気象学は、科学の最先端の問題を一般の人々も参加して一緒に考え、研究活動などを行える学問分野です。気象予報士制度が誕生して十年以上が経過し、気象学の知識を有し、気象予報を適時適切に行える人材が増加しています。

すでに気象予報士の資格を取得されている方はもとより、気象に興味を持たれて、今後、気象予報士試験に挑戦される方々、さらには地方自治体などの防災担当の職に就かれている方々なども、本書を利用されて気象予報の基礎から始め、気象学の基礎・応用、天気図や気象衛星などの気象データの見方・利用方法などを通じて、一人ひとりが気象予報を知り、なおかつ気象予報を利用することで、効果的な防災活動が可能になれば幸いです。

それでは気象予報のための気象学の基礎知識の説明から始めましょう。

気温

気温は大気の温度のことで、通常は地上からおよそ一ないし二メートルの範囲で測定した温度のことをいいます。

空気は普通水蒸気を含んでいて、上空に行くにしたがって一キロメートル当り六℃程度、その温度が低下します。すなわち、地上気温が三〇℃のときに二キロメートルの山の上では、およそ一二℃低い一八℃の気温となります。このことは、避暑地として軽井沢などの高地のすがすがしさを連想すれば、容易に理解できると思います。また、高い山の上には、春から初夏にかけて残雪が見られることからも、海抜が高いほど、気温が低いことが経験的にもわかると思います。

さて、空気が極端に乾燥していて、水蒸気がほとんどない場合には、一キロメートル上空に行くと、なんと一〇℃程度気温が低下します。これは逆に一キロメートル低くなると気温が一〇℃程度上昇することと同じです。

皆さんは「フェーン現象」という言葉をよく耳にすると思いますが、じつはこの現象はいままでの説明で理解できる事柄なのです。湿った空気が山を越える場合を考えてみましょう。図1は、高度二キロメートルの山を気温二〇℃の水蒸気を含んだ空気が東から西に向かって山を越える模様を示しています。

厳密ではありませんが、簡単のためにまず、湿った空気塊が山の東斜面（図の右側）を上昇しながら雲と雨を発生させて水分を頂上までに全部落下させたとします。先ほどの説明からおよそ一二℃下がって、山の頂上では空気塊は気温八℃の乾燥した状態となります。そこから乾燥したままで二キロメートル降下する間におよそ二〇℃上昇し、西側の山裾付近（図の左側）の気温はなんと二八℃の高温になってしまいます。

日本海に台風が入って、南からの湿った空気が太平洋側から中部山岳地帯を越えるときに雨を降らせて、その後、乾燥した空気となって日本海側に吹きおりるときに異常に気温が高くなり、乾

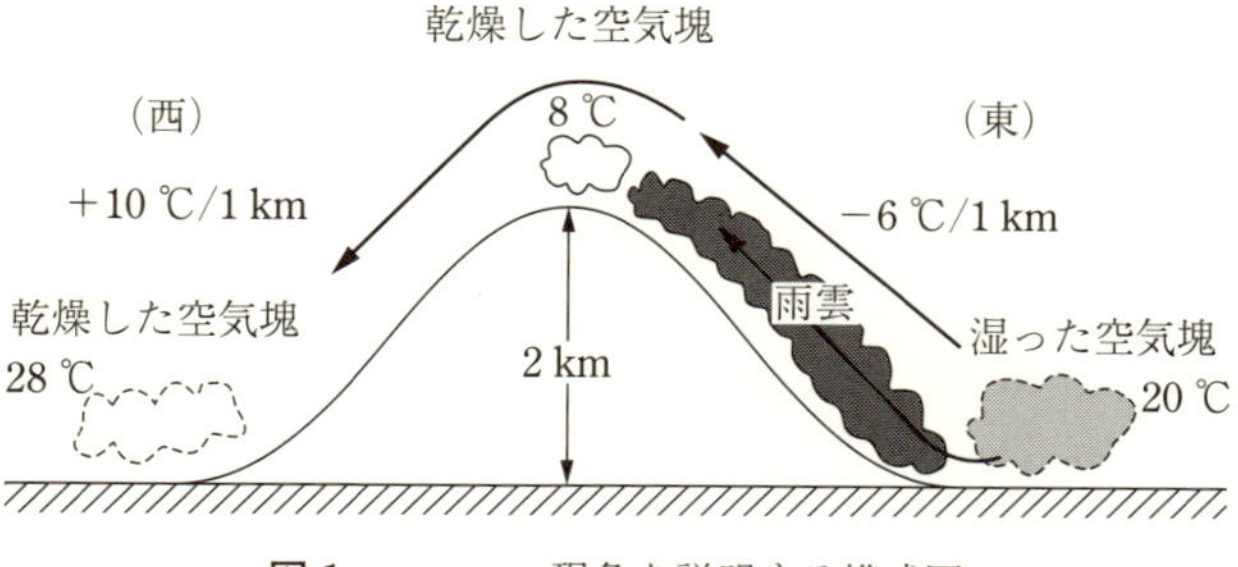

図1　フェーン現象を説明する模式図

燥した強い風を伴って大火をしばしば発生させた事例が過去に多数あります。この大火の原因は、この「フェーン現象」により発生した、乾燥した強風によってもたらされたものです。まさに空気中の水蒸気量の変化によって生じた気温上昇というマジックといえる事象でしょう。

ところで、気温といえば日本各地の最高・最低気温やある月の平均気温などはおなじみですが、真夏日や真冬日、そして熱帯夜などの起こる頻度はどのくらいなのでしょうか。真夏日とは、その日の最高気温が三〇℃以上、真冬日は同じく最高気温が〇℃以下、そして熱帯夜とは、最低気温が二五℃を下回らないときとそれぞれ定義されています。

表1は、一九六一年から一九九〇年までの三十年間の気象統計から求めた各地の真夏日、熱帯夜、真冬日の年間発生日数の平均値を示しています。

北は北海道の札幌から、仙台、東京、大阪、福岡、そして南は沖縄の那覇までの全国六都市の統計結果です。日本列島が南北に長く位置していることが、表1の統計結果からよくわかります。

表1　真夏日，熱帯夜，真冬日の年間発生日数

	真夏日	熱帯夜	真冬日
札幌	7	0	51
仙台	17	0	3
東京	45	18	0
大阪	66	28	0
福岡	54	23	0
那覇	82	84	0

（1961～1990年：30年平均）

すなわち、北では真冬日が多く、南に行くにしたがってそれが少なくなっています。緯度によって気温が異なっていることがわかると思います。また、南に行くほど真夏日が多くなっていますが、熱帯夜については大阪が福岡よりも多くなっています。これはちょっと不思議ですが、このことは大都市部のアスファルト化に伴う緑地の減少による気温の低下の鈍化、またビル街や自動車からの熱の発生による気温の上昇傾向に拍車がかかること等に起因しているものと推定されます。

また、東京の都心を取り巻くように走っている環状八号線の上には、ドーナツ状の雲が見られることがあります。道路からの熱が空気を上昇させて、その上昇気流により雲が発生したものと思われます。この雲は「環八雲」と呼ばれ、近年しばしば観察されるようになってきました。これは一つの例ですが、身近な気温一つ取っても、このようなおもしろい気象現象と関係があることがおわかりいただけたことと思います。

南北の地理的な場所の違いから、気温の分布に大きな差ができているのです。しかし、東京や大阪の熱帯夜が緯度の割には多く観測される理由は、後に説明するような「地球温暖化」や「都市化」の影響が考えられると思います。近年、東京や大阪などの大都市での真夏日や熱帯夜の日数が急激に増加しているのは気になります。

気　圧

気温のつぎは気圧の説明に移ります。気圧とは地球の引力によって引き止められている上空の空気の重さのことです。正確にいうと気圧とは大気の圧力のことで、地上ではおよそ一〇一三ヘクトパスカル（hPa）となります。数年前までは、気圧の単位としてミリバール（mb）が用いられていましたが、現在はヘクトパスカルに変わっています。

中学校の理科の授業で実験したように、水銀柱が七六センチメートルになる気圧を標準として、一〇一三・三ヘクトパスカルを一気圧（atm）としています。

さて、気圧の基本的な事項についての説明が終わりましたので、つぎにこれをもとにした大気の構造についての話に移りたいと思います。図2は大気の断面を示した模式図です。この図の横軸には前節で説明した気温が、そして左側の縦軸には気圧と地上からの高度の目盛りがそれぞれ示してあります。

図中の太い実線は、例えば、人が気球かなにかで上空に上がっていった場合の高度・気圧・気温の三者の関係を表す曲線ということができます。すなわち、地上から十数キロメートルまでを「対流圏」と呼び、雲が出現して気象現象がおもに観察される領域です。ここでは気温は一キロメート

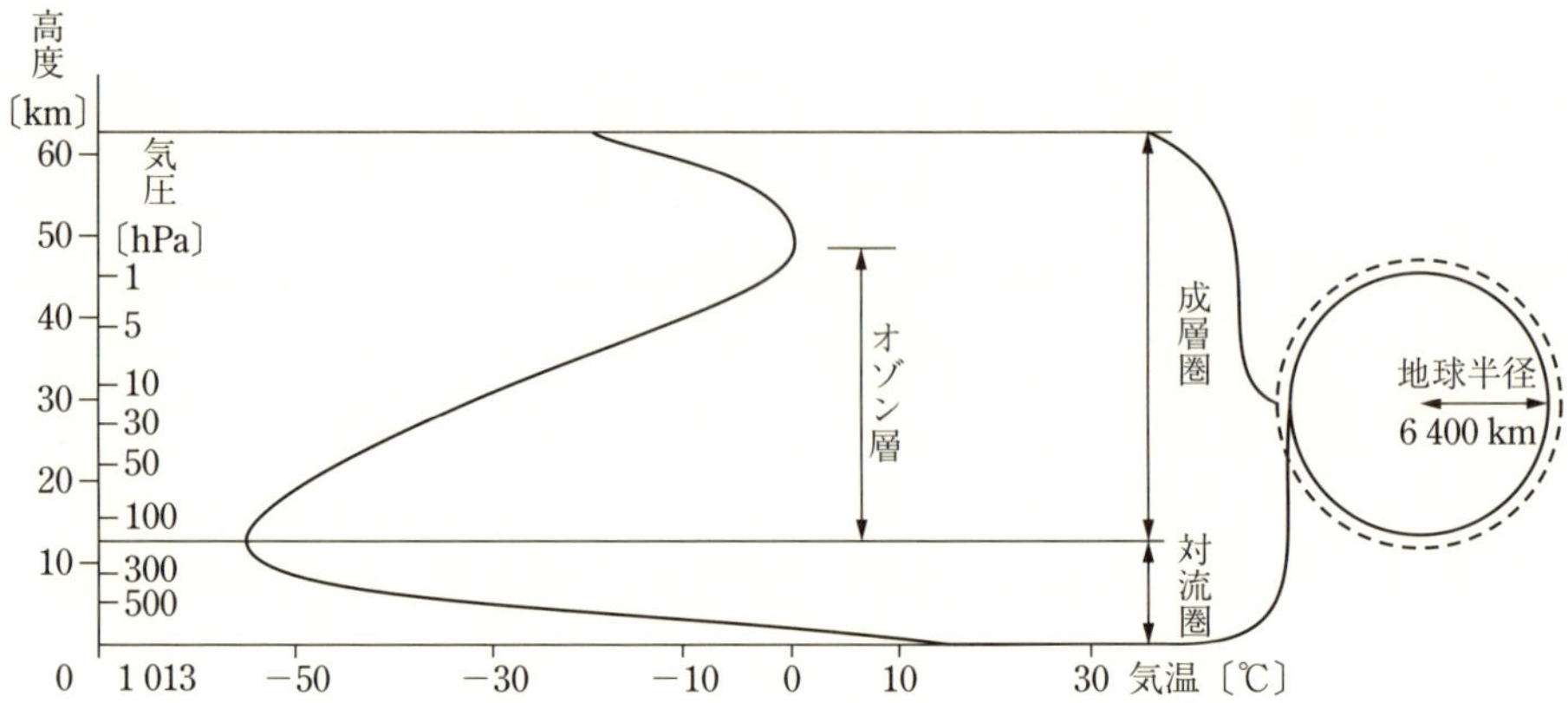

図 2　大気層の断面図と地球表面の模式図

ル当り五℃から一〇℃ぐらい下がるので、地上付近で二〇℃とすると、高度一〇キロメートルでは平均で一キロメートル当り七℃の気温低下として、およそマイナス五〇℃の超低温となります。ヒマラヤ連峰よりもはるかに高い、極寒の世界です。この高度付近はジェット旅客機が飛行する場所であり、ここから五〇キロメートル付近までを「成層圏」と呼びます。

現在、環境問題で話題の「オゾン層」もちょうどこの成層圏付近に存在していて、地上から高度五〇キロメートル付近では、気圧は一ヘクトパスカル以下となり、その辺りはなんと地上の一〇〇〇分の一以下の非常に希薄な空気しかありません。これより上空は「中間圏」、「熱圏」とそれぞれ呼ばれますが、気象現象の理解には、対流圏と成層圏のことを知っていれば一般的にはほぼ大丈夫です。ただし、近年の異常気象や気象災害が、対流圏や成層圏ばかりでなく、これら中間圏や熱圏のなんらかの活動が影響している可能性があるのではと示唆されています。今後の研究の成果が待たれるところです。

さて、図2の右側には半径一センチメートルの円が描かれていますが、円周の実線の太さは〇・一ミリメートル程度です。すると地球の半径はおよそ六四〇〇キロメートルですから、ちょうど五〇キロメートルから六〇キロメートルは半径一センチメートルの円と対応させると一〇ミリメートルの一〇〇分の一の〇・一ミリメートル程度となります。つまり、地球の半径に比べてわれわれの住んでいる対流圏はたかだか十数キロメートル程度ですから、成層圏まで含めても六〇キロメートル程度しかなく、それは図2の右側の円を描く実線の中に含まれてしまいます。おもな気象現象が起こる空間は、このように水平方向に比べて非常に薄っぺらなりんごの皮の部分での現象であることを十分に認識していただきたいと思います。

われわれ人間界が縦横の比率一対一程度に慣れ親しんでいるのに対して、大気現象のスケールは一対一〇〇ないしは一〇〇〇程度の非常に水平方向に平べったい現象であることをよく理解していただきたいと思います。ただし、入道雲と呼ばれる雷雲は、そのスケールが一対一から一〇程度の現象です。これについては2章で詳しく説明しますが、このような縦と横の比が一対一ほどの現象は、われわれの生活する大気中では非常に珍しいものなのです。

風

気温、気圧のつぎは風（風向・風速）について説明します。北風とは北から吹く風のことで、このように風向は風の吹いてくる方向をいいます。また、風速は風の移動する速さで通常 **m/s**（メートル毎秒）の単位で表されます。**kt**（ノット）表示もよく用いられ、両者の間には、**“1 m/s ＝ 2 kt”** の関係があることを覚えておくと便利です。

水が高いほうから低いほうへ流れるのと同じく、風も気圧の高いほう（高気圧）から低いほう

(低気圧)へ吹きます。では、なぜ風が吹くようになるのでしょうか。これを理解するには図3を説明しなければなりません。この図の左側には地球をめぐる大気の流れが示してあります。赤道をはさんでその上と下(北と南)に東風が、そのまた上下には西風が、そして北極と南極の近くではまた東風が、それぞれ交互に吹いているのがわかると思います。

図(b)には、夏と冬の地球が太陽から受ける熱量の季節変化の様子がわかるように、それぞれの季節の地軸の傾きと太陽との位置関係を示してあります。どちらの季節も赤道と北極・南極では、赤道のほうが太陽から受ける熱量が多いことがわかるでしょう。じつは、この両極と赤道のそれぞれの熱量のアンバランスを解消するために対流が起こり、地球が自転しているために、図(a)のごとくおのおのの緯度ごとに東西方向の風が吹くようになるのです。

日本列島が位置する北緯三〇度から四〇度付近は中緯度と呼ばれ、ここではおもに西風が吹きますが、この西風のことを「偏西風」と呼び、またこの偏西風帯の上空に見られる強い気流のことを「ジェット気流」と呼んでいます。ちなみに、赤道をはさんで北と南に東風が吹いていますが、これを「貿易風」と呼んで、エルニーニョ現象等の説明によく使われます。近年話題の「エルニーニョ現象」については、異常気象と関連させて後に詳しく説明します。さらに、北極と南極に近いところでは東風となっており、これを「偏東風」と呼んでいます。

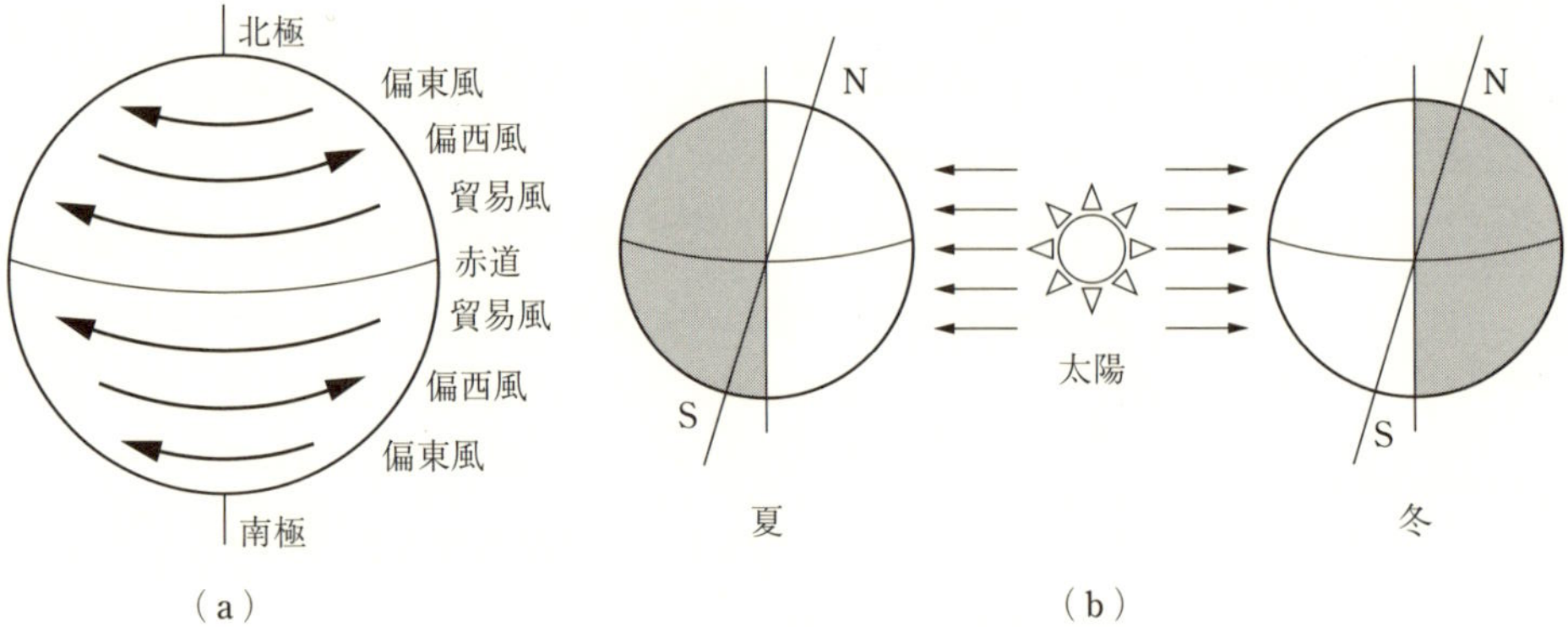

図 3　地球をめぐる風の流れと太陽と地球の関係

雲と霧

低気圧や前線が近付くと雲や霧ができます。図4は温帯低気圧の断面といろいろな雲の種類を示しています。雲は通常十種類に分けられます。「巻雲」、「巻積雲」、「巻層雲」、「高積雲」、「高層雲」、「乱層雲」、「層積雲」、「層雲」、「積雲」、「積乱雲」の十種類です。

図4の左側に見られるように、それぞれの雲はその現れる高さがだいたい決まっており、「巻」のつく雲は上層雲と呼ばれて、比較的高いところ（一〇キロメートル前後）に見られます。「高」のつく雲や乱層雲は中層雲と呼ばれて、五キロメートル前後に観測されることが多く、「層」のつく雲は中層雲や下層雲と呼ばれ、おもに二キロメートル以下の高さに観測されます。ただし、乱層雲は分類上は中層雲であることに注意が必要です。積雲や積乱雲は、寒冷前線付近でしばしば観測されます。これらの雲は垂直に発達し、特に積乱雲は「入道雲」や「かみなり雲」と呼ばれ、夏の午後に夕立や激しい雷雨をもたらすことがあります。雷雲については後で詳しく説明します。

さて、図5を見てください。ある人が平地から山の頂上にかかっている雲を見ているところですが、この人から見ると、これは山に掛かる雲として認識されます。しかし、山頂にいる別の人は雲の中にいるので、その人にとっては霧の中にいることになります。雲と霧の区別はこの図のとおり

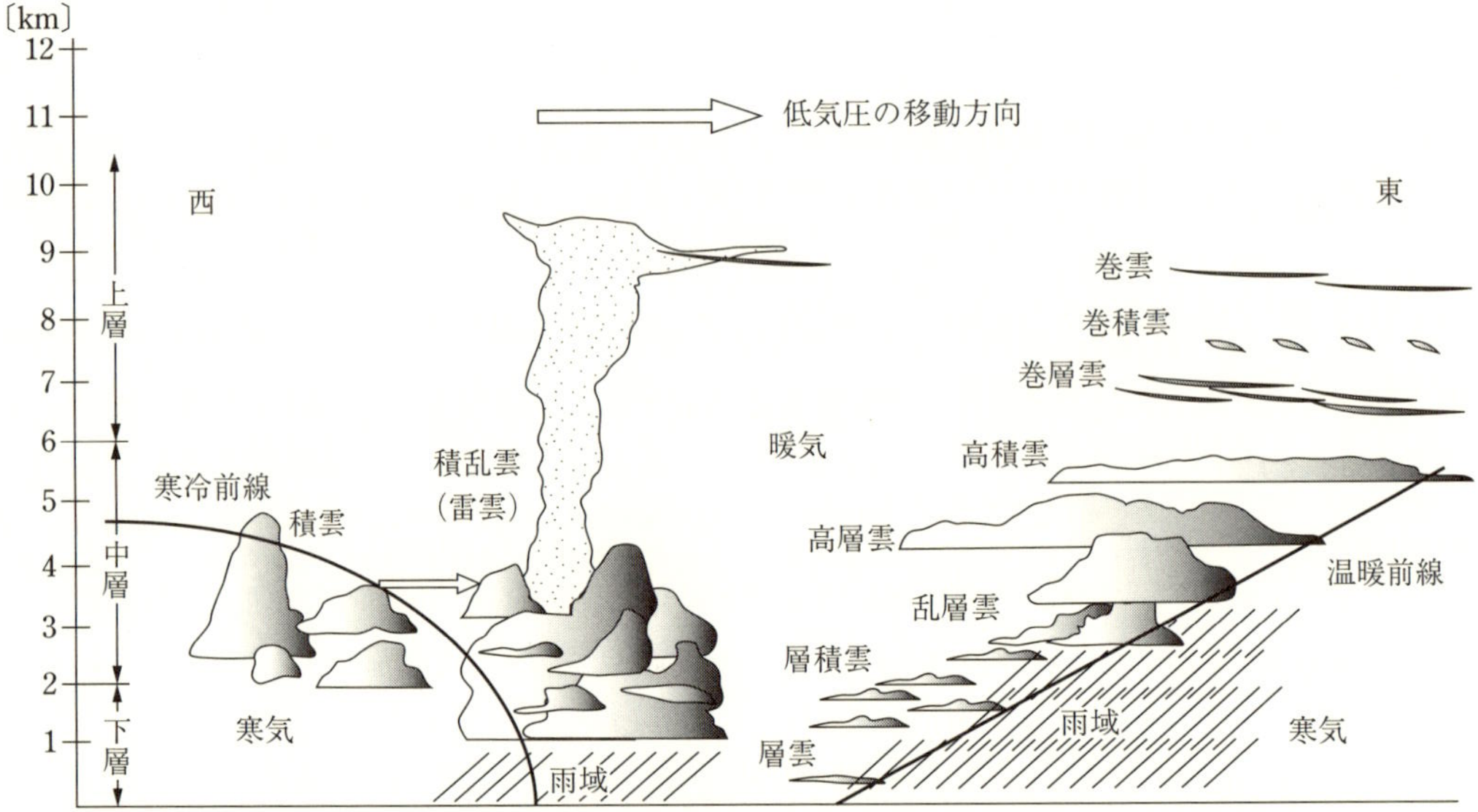

図 4　温帯低気圧の断面図

であり、地上付近の霧は層雲であり、山の中腹の層積雲が霧と認識されることもあるのです。なお、「霧」は見通し距離が一キロメートル未満のときの状態をいい、一キロメートル以上を見通せるときは「もや」と呼ぶことに注意してください。

これらの「霧」や「もや」は見通しが悪くなる原因として高速道路等の陸上交通だけでなく、海上や航空交通にも深刻な障害になる場合があります。飛行機の運航に影響を与える「霧」や「もや」のような大気現象を「視程障害現象」と呼んでいます。

雨と雪

大気中の水蒸気が水になると雨や雪となって上空から降ってきます。水蒸気は前項で説明したようないろいろな雲に変化して、やがて雨になります。ど

図5　雲と霧の違い

うして水蒸気が雨や雪に変化するかは後で説明しますが、じつは水は上空では低温のために、雪やあられ、そしてひょうなどの姿で存在していて、地上に落下する間に溶けてみぞれや雨になるのです。あるいはそのまま雪やあられとして降ることもあり、激しい雷雨の際には大きな「ひょう」が降り、農作物に被害を与えることもあります。

雨の一粒の直径は二ミリメートル程度で、大粒のものは五ミリメートルから六ミリメートルにも達するものもあります。しかし、七ミリメートル以上の大きさの雨粒は、落下する途中で分裂してしまい、それよりも大きくはなりにくいようです。一方、ひょうは、ときにはテニスボールやソフトボールほどの大きなものも降ることがあり、大きな被害をもたらします。霧の粒は直径〇・一ミリメートル、雲の粒にいたっては直径〇・〇一ミリメートルとなり、雨粒の百分の一以下と非常に小さいことを理解してください。図6には、これら三者の関係を示しておきますので大きさの違

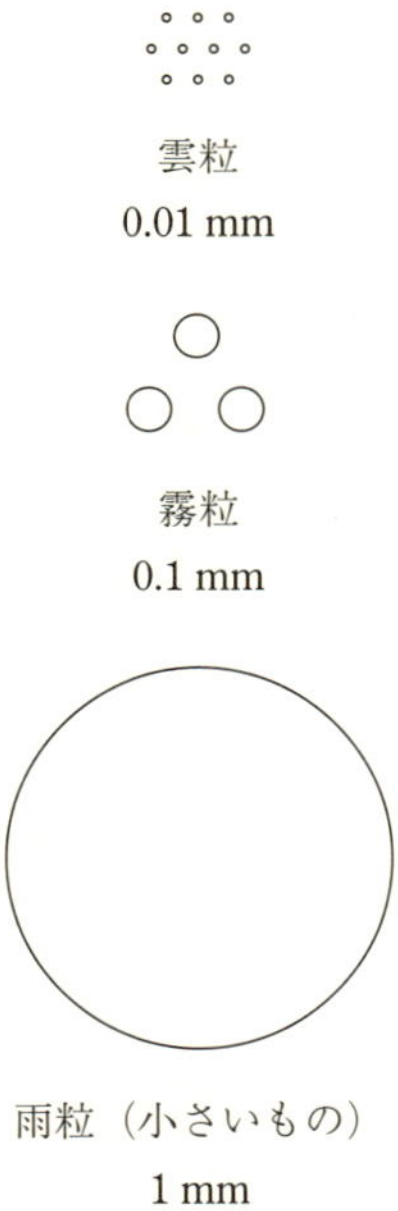

図6　雲粒，霧粒，雨粒の比較

いを実感していただきたいと思います。

後で詳しく紹介しますが、テレビの気象情報等でよく見ることができるレーダの情報は、じつは気象レーダという観測装置を用いて、この雨粒や雪などを観測した結果なのです。よく間違えるのですが、気象レーダでは雲まで見ることができるのではと思われがちですが、先の説明のように雲粒と雨粒では大きさが千倍近くも違います。雲はとてもレーダではとらえることが難しいものなのです。雲をとらえるには、気象衛星からの写真が有名です。太陽光線が当たっている昼間は「可視画像」を、そして夜間には「赤外画像」によって雲の分布を二十四時間観測しています。

昼間はカメラで写真を撮るように太陽光線が反射されることを利用しています。また可視光線を利用できない夜間は、熱源として赤外線を感知するセンサによって、雲の高度分布をとらえます。ここで図4をもう一度見ていただきたいと思います。雲はいろいろな高度に出現します。高度によって気温が異なることは、この章の最初に説明しました。このように雲の高度ごとに異なる温度を、赤外線センサが観測して、雲の高度別の分布状態を雲画像にするわけです。こうして夜間でも昼間と同じように雲の写真が撮れるのです。

写真1と写真2はそれぞれ気象衛星からの雲写真で、写真1が可視画像、写真2が赤外画像をそれぞれ表しています。これらの画像は、一九九六年三月六日の午前十時から十一時ごろに撮影されたものです。同じ日の午前九時の地上天気図を図7に示しています。地上天気図は文字通り地上付

写真 1　気象衛星からの雲写真（可視画像）

写真 2　気象衛星からの雲写真（赤外画像）

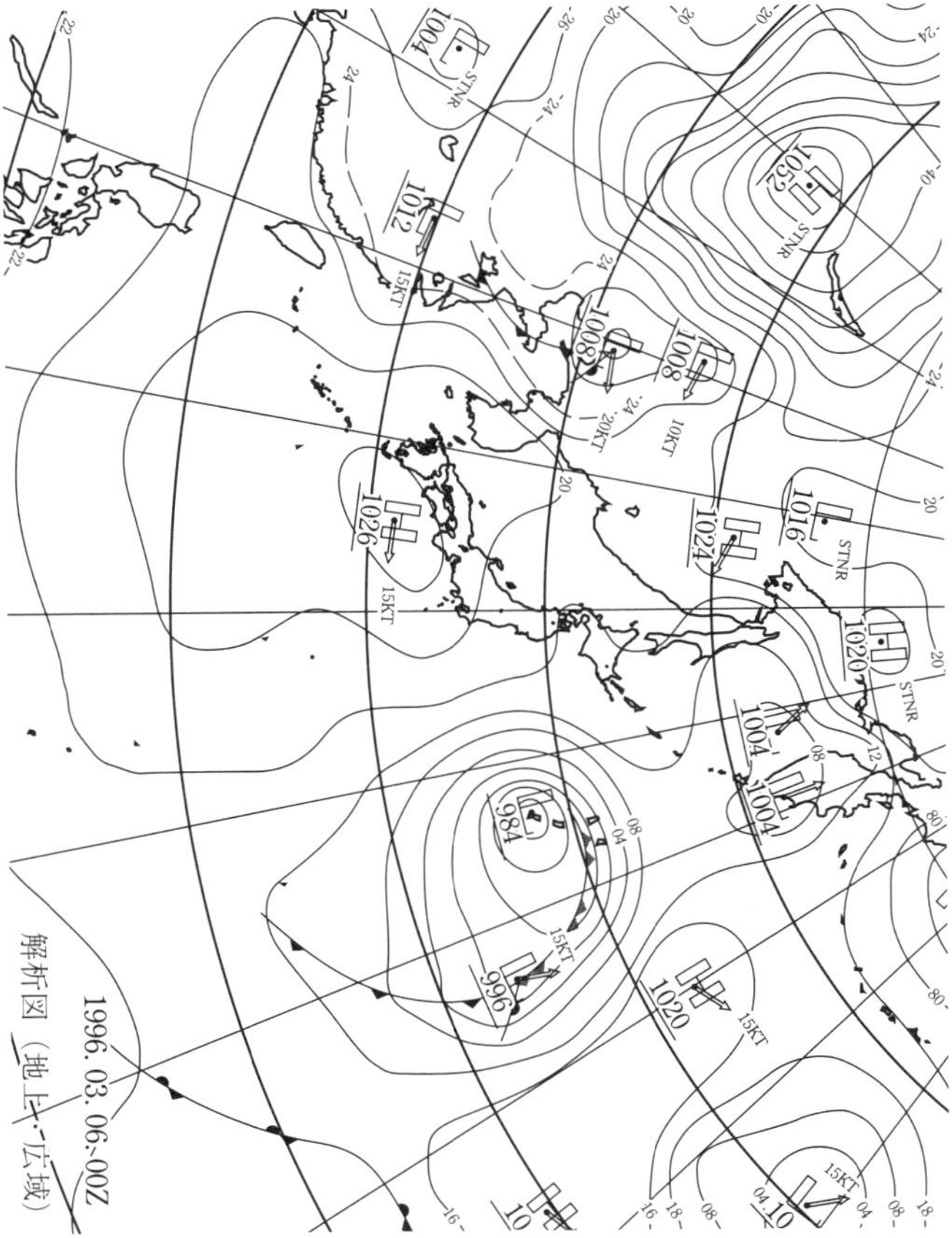

図7　地上天気図（1996年3月6日午前9時）

近の気圧配置を表しており、高気圧や低気圧の中心位置とその勢力範囲、前線の位置等を知るために有用です。中学校の理科の授業時間に、ラジオの天気概況を基にして天気図を描いた記憶のある方も多いことと思います。

ところで天気図には上層天気図と呼ばれるものがあります。これらは上空の大気の様子を読み取り、それらを基にした天気予報等に利用されます。通常は、上空のある基準面をいくつか代表させて作成しています。地上に近い順に八五〇、七〇〇、五〇〇、三〇〇ヘクトパスカルの四つがおもに用いられるようです。

八五〇ヘクトパスカル天気図は、上空およそ一五〇〇メートル付近の気圧配置等を把握するのに便利です。前線の詳細な解析や気団の性質の違いを読み取るのに有効です。暖かく湿った空気が流入したり、逆に、冷たく乾燥した空気が流入している様子が的確に把握できますので、前線や低気圧の活動の把握や大雨等の予想に利用しています。

七〇〇ヘクトパスカル天気図は、上空およそ三〇〇〇メートル付近の状況を表します。空気の上下動を、上昇流・下降流として把握するときに用いる天気図です。数値予報が発達した今日では、非常になじみのある天気図で、寒気や暖気の動向を把握するのに便利です。富士山の八号目辺りの高度に相当しますので、雪景色の富士山頂を想像すれば、おおかたの予想はつくと思いますが、気温はマイナス二〇℃以下で風速は五〇メートル毎秒などということがしばしば観測される、非常に厳しい環境のところです。

五〇〇ヘクトパスカル天気図は、上空およそ五五〇〇メートル付近を表す天気図です。コンピュータを利用した数値予報のために解析されるものです。対流圏のほぼ中間の大気の様子を把握できます。地上の高気圧や低気圧に対応する上空の気圧の峰や谷を見つけたり、冬場はシベリアからの寒気団の日本付近への南下の動向をとらえることができます。冬の天気予報で、よく「輪島上空五五〇〇メートルの気温がマイナス三〇℃以下になり北陸から北の日本海側の地方で大雪になります」という表現がしばしば用いられます。

三〇〇ヘクトパスカル天気図は、上空およそ一〇〇〇〇メートル付近の対流圏と成層圏の境の圏界面付近を表す天気図です。ジェット気流の動向を把握するのに用いられます。強風軸がどこを通っているのかをとらえ、高気圧や低気圧など、気圧系の動きの傾向を知る目安にします。日本付近はもとより、はるか西の中国大陸やチベット・ヒマラヤ上空のジェット気流の蛇行の様子をとらえます。これらが日本の梅雨や異常気象の原因であると考えられるからです。何千キロも西のヒマラヤの山々が、日本の天気にかなり影響しているのです。

二〇〇ヘクトパスカル天気図は、成層圏であり、対流圏のはるか上空を飛行するジェット旅客機等の運航に対して用いられます。乱気流の発生の予想や追い風・向かい風の状態を把握して、飛行高度の決定や燃料消費量等の予想に用います。この付近では気温はマイナス五〇℃程度でほぼ一定になっています。ジェット旅客機の燃費は、追い風が強くかつ低温でより効率が良くなりますが、風の不連続（英語で「シアー」と呼びます）域では、思わぬ乱気流が起こることもあり、燃費だけを追求することはできません。気象状態をよく把握して、安全に飛行することが最優先でしょう。乱気流については2章で詳しく説明します。

2　気象学的に興味のある諸現象

雷

著者は長年，冬の雷を気象学的に研究してきた背景から，やはり最初は雷雲の話から入りたいと思います。

雷雲は俗に「かみなり雲」や「入道雲」と呼ばれ，夏の風物詩です。じつは著者も十数年前までは雷は夏だけ，たとえあっても春や秋の季節であり，冬の季節にはまったく縁がないものと思っていました。しかし，著者が石川県小松市に勤務したとき，その北の美川町に住み，金沢市辺りでも冬に雪やあられが降るのと一緒に，電光と雷鳴が起こるのを体験して，いままでの認識ががらりと変わったことを覚えています。

まず初めに、なぜ雷が起こるのかについて簡単に説明しておきます。

図8は、なにもないところから雲が発生し、しだいに発達して雷雲になり、やがて衰弱してその寿命がつきるまでの一連の過程を示した図です。初めは太陽によって暖められた空気が上昇して、空気中の水蒸気が冷やされて雲ができます。だんだんと上昇気流が強まり、雲はとうとう雷雲になります。「空気中の水蒸気量が多いこと」、「強い上昇気流が存在すること」などが雷雲発生の必要条件です。雷雲の中にはしだいに降水が形成され、上昇気流がそれらの降水を支えられなくなると地上に落下してきます。これが夏の夕立です。夏の午後、蒸し暑い空気が夕立とともに急に涼しくなるのを経験した方も多いと思います。この涼しくなる理由は、激しい雨といっしょに上空から冷たい空気が地面に降下してくるためなのです。

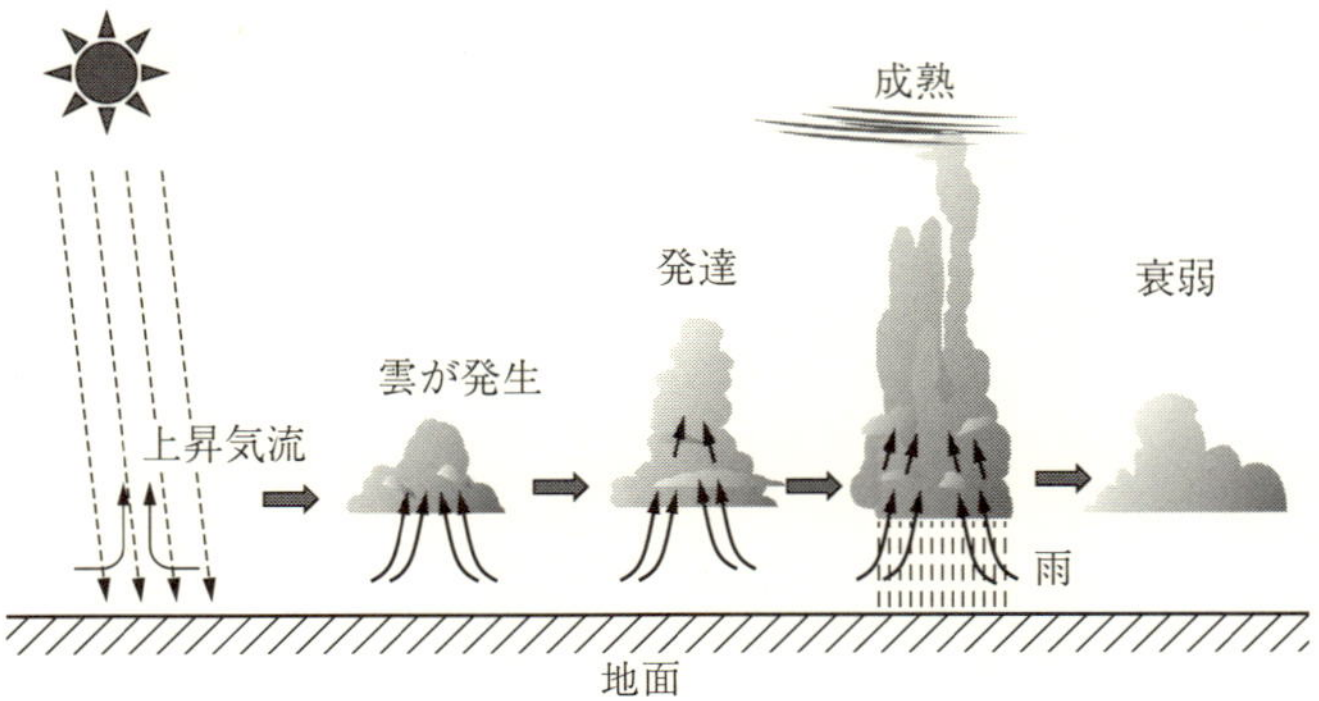

図8　雷雲の盛衰の模式図

ダウンバースト・竜巻

近年、激しい雨とともに降下する激しい下降気流が、空港に離着陸する飛行機を墜落させる事故が頻発しました。この現象は「ダウンバースト」と呼ばれ、航空関係者に恐れられています。長い間、竜巻（たつまき：英語では「トルネード」という）による被害と混同されてきましたが、一九七五年、シカゴ大学の藤田哲也教授（当時。一九九八年に逝去されました）が飛行機の墜落事故の調査でこの「ダウンバースト」の存在を発見しました。

なお、この藤田博士は竜巻の強さの分類を手掛けました。六段階での強さの表示は、博士の名前のアルファベットのFをとって、Ｆ０からＦ５までとして定義（Ｆスケール）されています。Ｆスケールのそれぞれの定義はつぎのとおりです。

Ｆ０：毎秒一七〜三二メートルの風速で、煙突やテレビのアンテナが破壊される。木々の小枝が折れ、根の浅い木が傾くことがある。

Ｆ１：毎秒三三〜四九メートルの風速で、屋根瓦が飛び、窓ガラスが壊れる。ビニールハウス等に大きな被害が出て、根の弱い木は倒れ、比較的根の強い幹が折れることもある。走行中の自動車が横風を受けると、道路から吹き落とされる。

F2：毎秒五〇～六九メートルの風速で、家の屋根がはぎ取られ、弱い住宅は倒れる。大木が倒壊したり、自動車が道路から吹き飛ばされる。列車が脱線することがある。

F3：毎秒七〇～九二メートルの風速で、家屋の壁が倒され、住宅が倒壊してバラバラになる。鉄骨の家屋も倒れる。列車は転覆し、自動車は持ち上げられて飛ばされる。森林の大木の大半が折れ、引き抜かれることもある。

F4：毎秒九三～一一六メートルの風速で、家屋がバラバラになって飛散し、鉄骨づくりの住宅もつぶされる。列車が吹き飛ばされ、自動車は何十メートルも飛ばされる。一トン以上の物体が落下してくる。

F5：毎秒一一七～一四二メートルの風速で、住宅は跡形もなく吹き飛ばされる。立木の皮がはぎ取られ、自動車は軽々と舞い上がり、列車も持ち上げられて空中を飛行し、遠くまで運ばれる。数トンもある物体がどこからともなく落下してくる。

以上のように竜巻は非常に大きな破壊力を持つことがわかると思います。台風の中心付近でも強い風が吹きますが、強さという点では竜巻が地球上で最も強い存在です。

さて、この竜巻の回転方向ですが、北半球ではほとんどが反時計回りであり、南半球ではほとんんどが時計回りとなります。これは地球が自転しているために起こる「コリオリの力」によるものです。試しに皆さんも簡単な実験をしてみてください。浴槽や洗面所の水槽に水をためて，栓を抜いてみてください。日本ではほとんどが反時計回りの水流となります。ちなみに，オーストラリアなど南半球で同じ実験をすると，ほとんどの場合，時計回りの水流になるはずです。

ところで，映画「ツイスター」で紹介されたように，米国では竜巻を追いかける人々がおり，「トルネード・チェイサー」と呼ばれています。多くのアマチュアの観察者がいます。同時に，最新の観測機器を搭載した車両による観測を試みている研究者たちも多数います。

わが国では，「トルネード・チェイサー」はいませんが，「かみなり・チェイサー」は筆者らの研究グループが先駆けとして，車両により雷雲の下を走行しながら観測するという試みを継続しています。研究成果は新コロナシリーズ第41巻「冬季雷の科学」ですでに紹介しています。参考文献として取り上げていますので，機会があれば手に取っていただきたいと思います。

着　　氷

写真3に示すように，着氷とは，冬の朝などに家や車の窓ガラスに白く霜がこびりつくような現象です。正確にいうと過冷却水滴（温度が0℃以下の水滴のこと）が凍り付くことです。天然の小

さな水滴は、気温が〇℃以下でも水滴のままで存在できます。そして外気温で非常な低温に冷やされた物体に触れると一気に凍り付きます。これが着氷です。窓ガラスの霜ぐらいなら、手や霜取り器具で簡単に取り除けますが、飛行機の機体や船舶の胴体に凍り付いた着氷は、ときには大きなハンマも歯がたたないことがあります。

飛行機の翼の着氷は、急速な揚力の低下を引き起こして、飛行機を墜落させる原因になることもあります。また、船体に着氷することが原因で、船がバランスを崩して転覆することもあります。冬のオホーツク海での漁船は、しばしばこの船体着氷の被害を受けています。

車のフロントガラスの表面や冷凍庫内の

写真3 着氷の例

霜、そして蔵王山の樹氷などを想像していただければよいと思います。
陸上だけでなく、海上や航空でもこの着氷の被害があることがわかったと思います。じつはこの着氷という現象が、雷の正負の電気をつくる源《みなもと》であることが最近指摘されるようになってきました。

乱　気　流

ジャンボジェット機が太平洋上空で乱気流に遭遇して、乗客や乗員が負傷したという新聞報道をしばしば目にすることと思います。これは、ジェット気流の中やその周辺を飛行中に乱気流に巻き込まれることが多いということです。

図9は、乱気流の発生するメカニズムを示しています。すなわち、気流が海の波と同じく波打つ場合に、その上下動する周辺で乱気流が起こります。通常は上昇気流があると、雲が発生するので、雲の中やその上下あたりで乱気流に遭遇することがしばしばあります。雷を発生させるような激しい上昇気流のある積乱雲の中（図8参照）では、航空機がしばしば乱気流に巻き込まれることがあります。この場合には、雲があって明らかに空気の上下動がありますので、パイロットも比較的この乱気流は避けることがある程度可能です。

しかし、いつも雲が発生しているところで乱気流に遭遇するとは限らず、雲のまったくない状態で乱気流が発生することがあります。これは晴天乱気流（クリアー・エアー・タービュランス：略記して〝CAT〞、キャット）と呼ばれ、航空機を運航する人々の驚異となっています。キャットというニックネームからして、猫のように素早く神出鬼没なイメージがあります。実際、同じ高度で同じ場所を飛行した二機の飛行機が、一機は乱気流に遭遇し、同じところを五分後に飛んだほうはまったくなにもなかったという事例が多数報告されています。

このように、乱気流を的確に予測することは現在の技術ではなかなか難しいのが現実ですが、最近では「ドップラー効果」を利用した気象レーダが開発され、日本でも関西、成田、羽田の各空港に配備され、実際に運用が開始されています。

これらのレーダは、「ドップラー気象レーダ」と呼ばれ、雨粒などの動きを利用して、風の流れをつかむ新しい機能が付いています。従来、気象レーダは雨の強さのみの把握に限られていましたが、この新機能付きのレーダによって、風の流れをとらえることが可能になり、その技術を利用して先に説

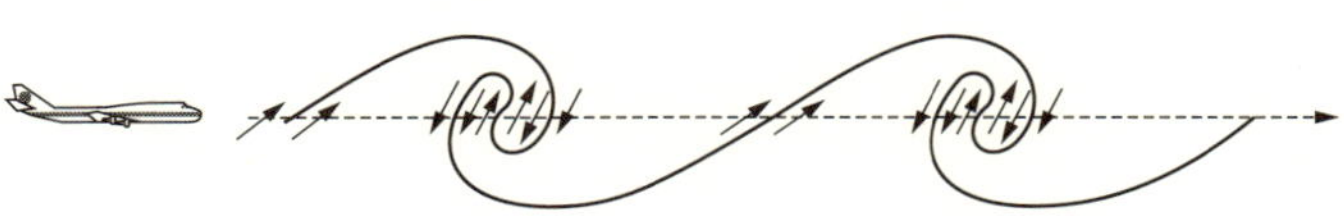

実線は気温（密度）不連続面，破線は飛行経路，矢印は空気の運動を示す。

図 9　乱気流の発生するメカニズム

明した「ダウンバースト」などの予報や警報に応用されつつあります。

火山灰・噴煙

火山の噴火による煙や火山灰が、人々の生活に大きく影響することがあります。火山灰は対流圏内にとどまらずに、成層圏まで達して地球の周りを漂います。そして太陽光線を遮り、地球全体に寒冷化をもたらします。これは数年にも及ぶこともあり、過去にはもっと大規模な噴火による火山灰の影響もあったと思われます。

現代においても、各種交通機関への影響は大きく、特に航空の場合には煙による視界の悪化による着陸制限や火山灰を吸い込んだジェットエンジンの停止により危うく墜落寸前までいった事故例が多数報告されています。

ジェット機が火山灰を吸い込むと、エンジンのタービンに火山灰が付着し、熱によって火山灰が溶けて液状になり、タービンの羽根の部分にこびり付いて空気が十分にエンジンに送り込まれなくなり、最悪の場合にはエンジンが停止してしまうのです。

図10はこの模様を図に示したものですが、実際の火山灰は薄く分布しているために、飛行機からはよく見えずにその中に飛び込む事故が過去に何回か起こっています。また、火山噴火や山火事の

図 10　火山灰・噴煙（エンジン停止事例）

写真 4　噴煙をあげる桜島

噴煙によって見通しが悪くなり、飛行機が離着陸の制限を受ける事例もしばしばあります。
写真4は、噴煙をあげる桜島の上空から撮った写真です。

台　風

数ある気象現象の中で最も激しくかつ規模の大きなものは、台風です。台風による災害は、①風害、②水害、③高潮の三つがおもなものです。図11のように、台風の進行方向の右側は風が強く、危険半円と呼ばれて要注意です。一方、進行方向の左側は右側に比べると風が弱く、可航半円と呼ばれ、船や飛行機が運航してもよいとされています（台風の程度によりいつも安全というわけではないことに注意）。なぜかというと、図11の危険半円に当たる領域（図中の網をかけた陸地とその周辺域）では、台風の中心に吹き込む風と台風が乗って移動する一般流の風向が同じ向きになり、風速がそれぞれの和になるため、猛烈な強さになります。

逆に可航半円では、一般流と台風の中心へ巻き込む風向が反対になり、両者が打ち消しあうようになるために風が弱められるのです。けれども、台風の中心付近では猛烈な勢いで風が吹いていますので、この法則は当てはまりません。台風の大きさや性質（「雨」台風か「風」台風かなど）によって、ケースバイケースの対応が必要になります。

台風の進路の予報は気象庁から発表され、注意報や警報とともに地方自治体等の防災対策に活用されています。気象庁は、台風予想のための数値予報モデルを持っており、各種の観測データを初期値としてスーパコンピュータを用いて数値計算して、台風の進路を予想しています。

台風は北半球では反時計回りの回転をしています。南半球では逆に、時計回りの回転です。台風の呼び名も地域によっていろいろあり、図12からわかるようにわれわれのアジア域では「台風」、北米からカリブ海付近では「ハリケーン」、インド洋では「サイクロン」、オーストラリアでは「ウイリーウイリー」などと呼ばれています。

ちなみに台風は英語で「タイフーン」と

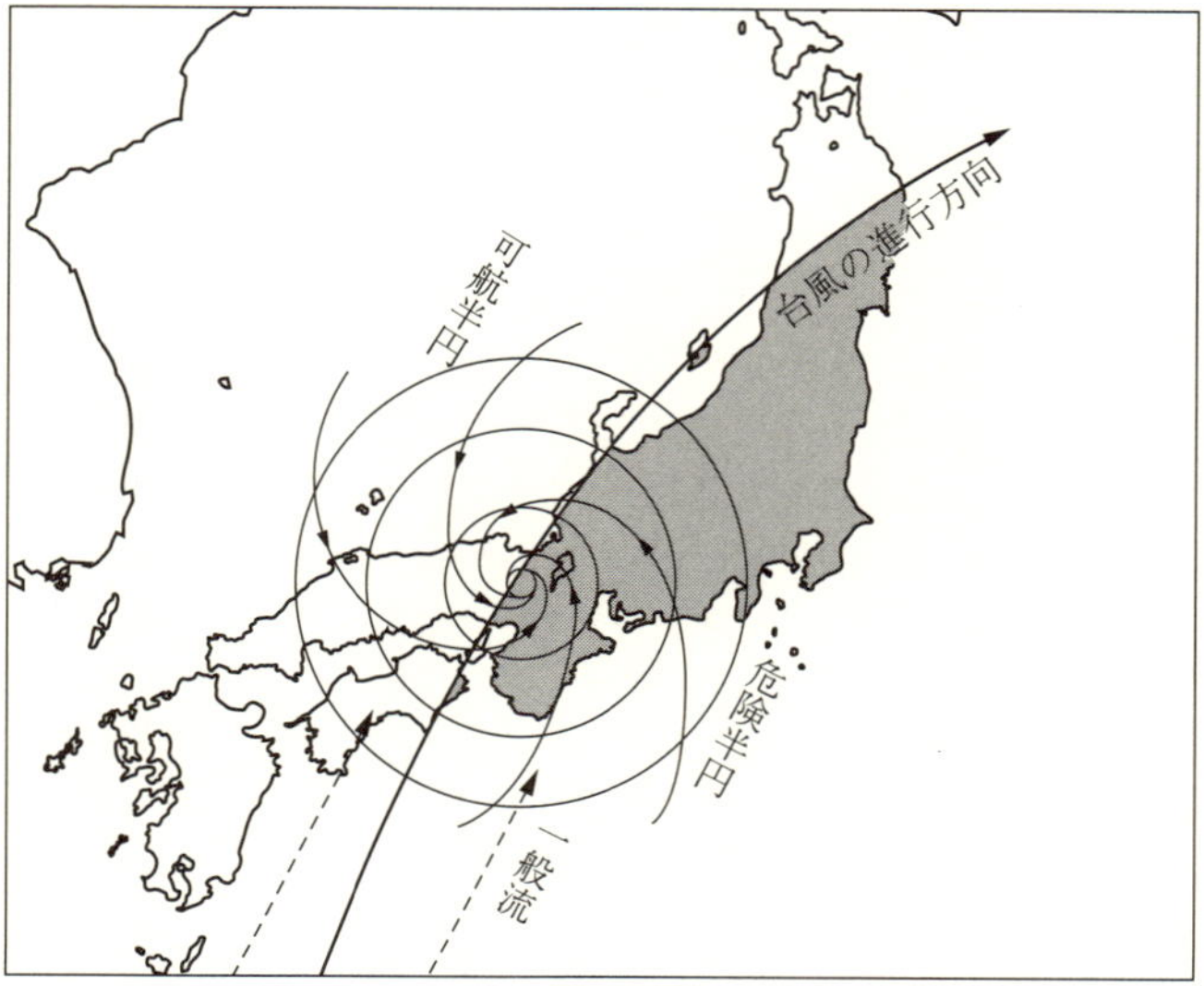

図 11　台風進路と風

発音されますが、これは「たいふう」という日本語にその由来があるようです。

また、この図12の表からは、台風等熱帯低気圧の発生海域の比率がわかります。すなわち、熱帯低気圧の年間平均発生数はおよそ八十四個であり、海域別では北太平洋地域の台風が三割、北米大陸の東西海岸域のハリケーンが三割、その他サイクロン等が残りの四割を占めるという分布状況です。

図13には、熱帯低気圧の発生海域とそれらの一般的な移動経路の様子を示しています。西太平洋から北上する台風、メキシコ湾からやはり北上するハリケーン、そしてインド洋を北上するサイクロンが有名であり、これらによる水害や風害、そして高潮などの自然災害は、近年、非常に甚大なものになる傾向があります。

台風災害の一番目は「風害」です。いままでの説明でそのすごさがおわかりいただけたと思います。台風も分類上は低気圧です（周囲よりも相対的に気圧が低いこと）。そして「熱帯低気圧」と呼ばれています。普通の低気圧（温帯低気圧と呼ばれています）とどのように違うのでしょうか。

赤道付近の熱帯域で低気圧が発生しますが、それらはすぐには台風にはなりません。熱帯低気圧から台風になるには、低気圧の中心付近の最大風速が一七メートル毎秒（三四ノット）以上になったものを「台風」と呼んでいます。

表2のように、台風の大きさと強さは、それぞれを五段階で表します。すなわち、「大型で非常

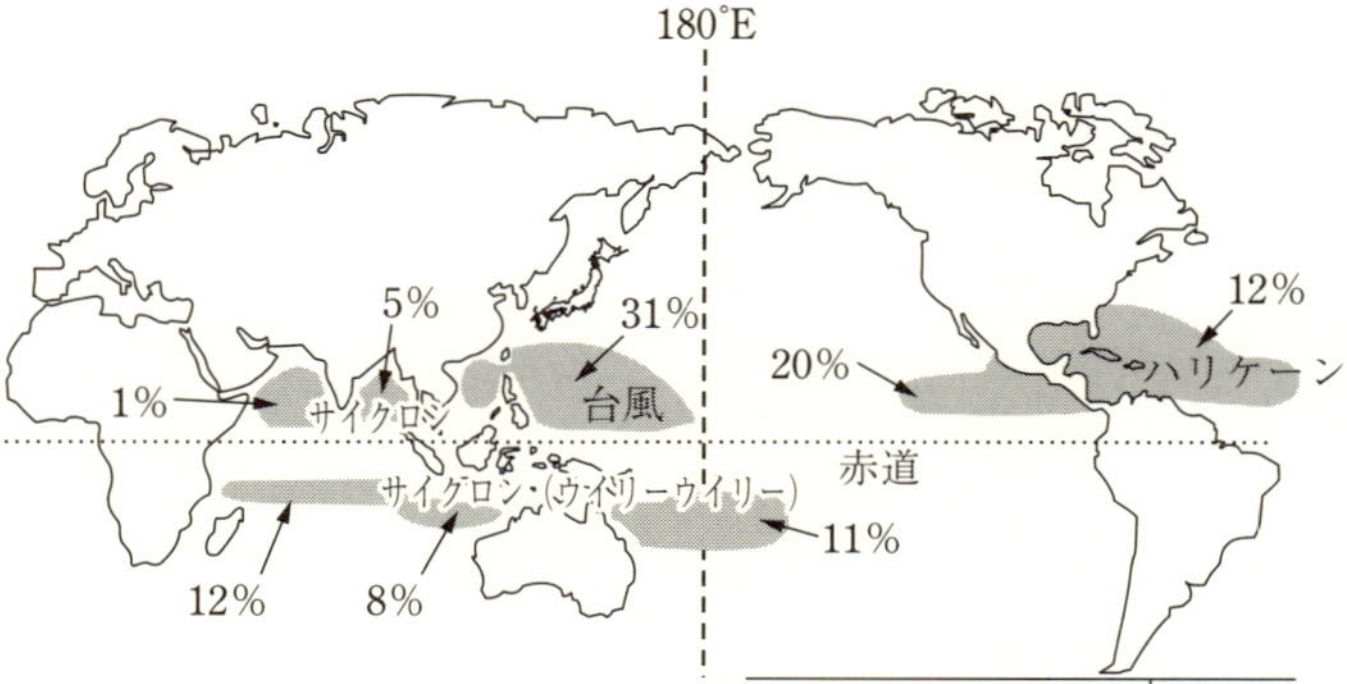

熱帯低気圧（34 kt 以上）の発生数
年間：83.6 個
（統計＝1978～1990 年　WMO）

海域	発生数
北太平洋西部	25.7
北太平洋東部	16.5
北インド洋	5.4
北大西洋	9.7
南西インド洋	10.4
オーストラリア西部	6.9
オーストラリア東部	9

図 12　熱帯低気圧（34 kt 以上）の発生比率

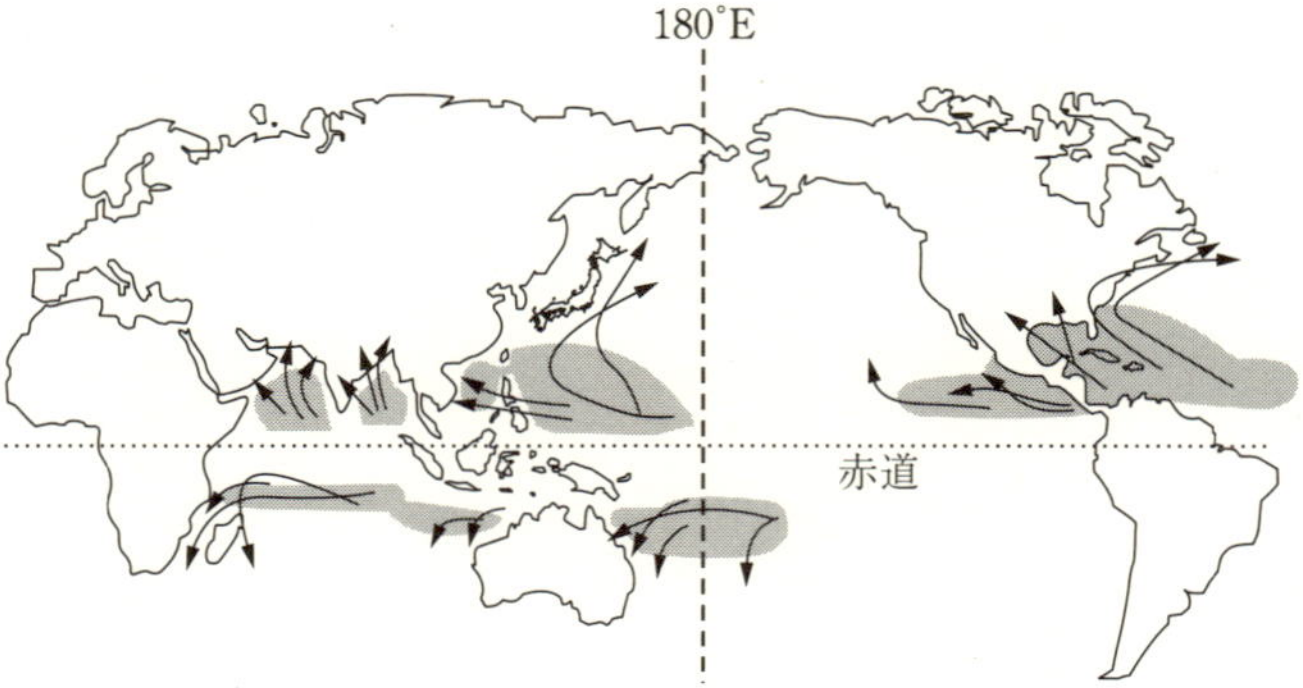

図 13　発生海域と一般的な移動経路

表 2　台風の大きさと強さの分類

大　き　さ		強　　さ	
階　級	風速 15 m/s 以上の半径	階　級	最大風速
ごく小さい	200 km 未満	弱い	17 ～ 25 m/s
小型（小さい）	200～300 km	なみの強さ	25 ～ 33 m/s
中型（なみの大きさ）	300～500 km	強い	33 ～ 44 m/s
大型（大きい）	500～800 km	非常に強い	44 ～ 54 m/s
超大型（非常に大きい）	800 km 以上	猛烈な	54 m/s 以上

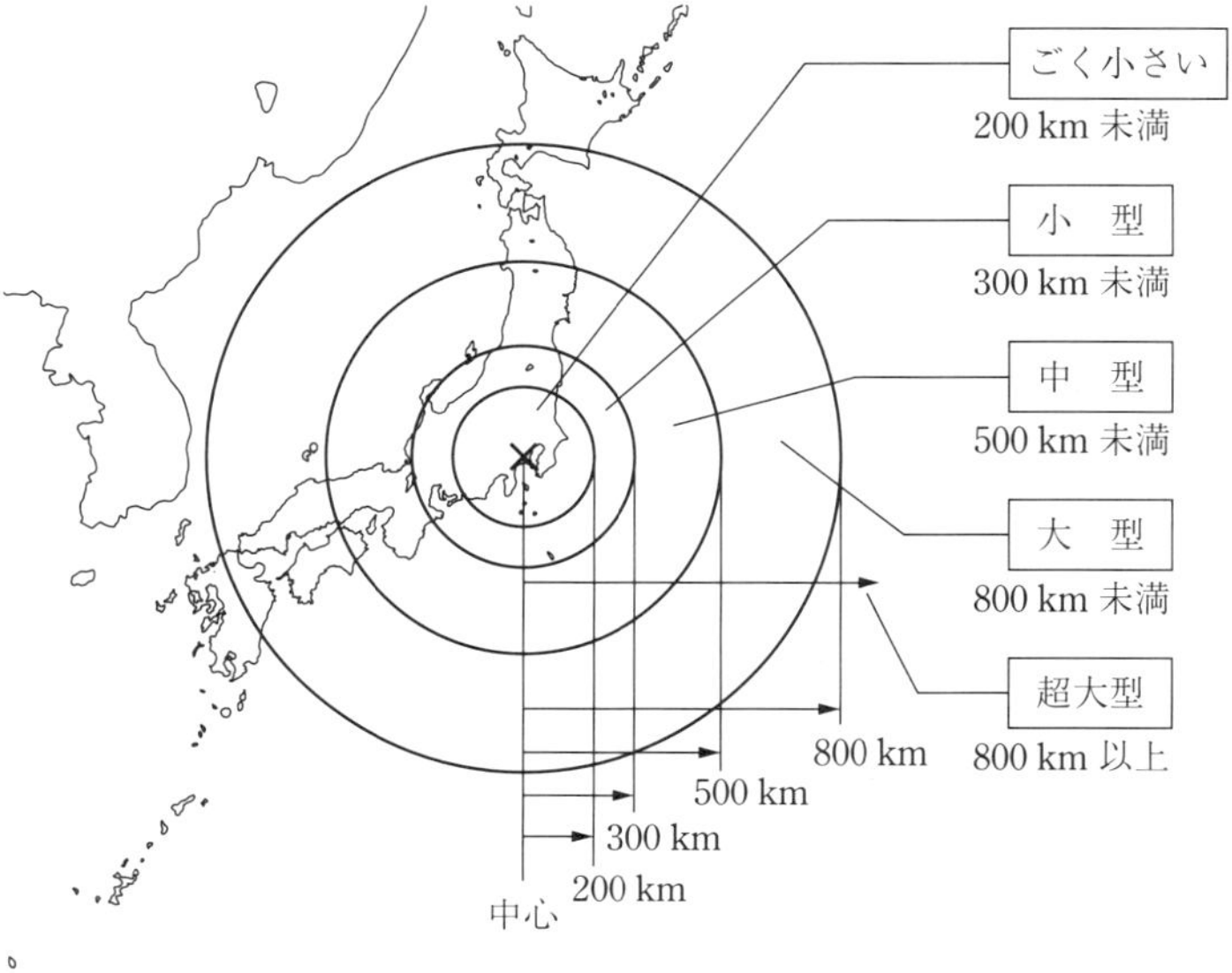

図 14　台風の大きさの分類（風速 15 m/s 以上の半径）

に強い」とか「小型でなみの強さ」のような表現方法をしています。大きさについては、風速一五メートル毎秒以上の半径で、強さについては中心付近の最大風速でそれぞれ五段階に分類されます。図14に台風の大きさの分類を日本地図と比較して示します。半径八〇〇キロメートル以上の台風は、超大型でほぼ日本を覆うくらいの大きさを持つことがわかると思います。

3　四季の気象特性および地域特性

春夏秋冬それぞれの季節における気象特性の概要

日本の四季は非常にはっきりしています。その理由は日本列島が大陸の東岸にあり、西側の大陸との間に日本海を有しており、しかも四周を海で囲まれていることに大いに関係しています。また、その列島が南北に長くのびて位置していることにもその訳があります。

図15は日本付近を取り巻く気団（空気の性質が一様な塊）の分布を表しています。皆さんがよく耳にするのは、冬の「シベリア気団」や夏の「小笠原気団」でしょう。このほかにも春先から五月晴れの季節によく顔を出す中国大陸生まれの「揚子江気団」、梅雨時にオホーツク海から張り出す「オホーツク海気団」など、さまざまな気団があります。

これらの気団の性質は一つ一つ異なります。おもなものの性質を簡単に説明し、関連する天気現象とともに述べてみたいと思います。

（1）春先から五月ごろ（揚子江気団）

大陸から高気圧が移動性となって日本付近にやってきます。湿度が低く、乾燥した晴天をもたらします。五月晴れという表現が適当でしょう。中国大陸の揚子江がその気団の起源なのでこの名前がついているわけです。このころは一週間のうち半分ほどが晴天で、残りの半分が曇りや雨の悪天となりやすく、これらの状態が交互に繰り返されます。すなわち、低気圧が日本付近を西から東に雨を降らせながら通過し、その後、移動性高気圧

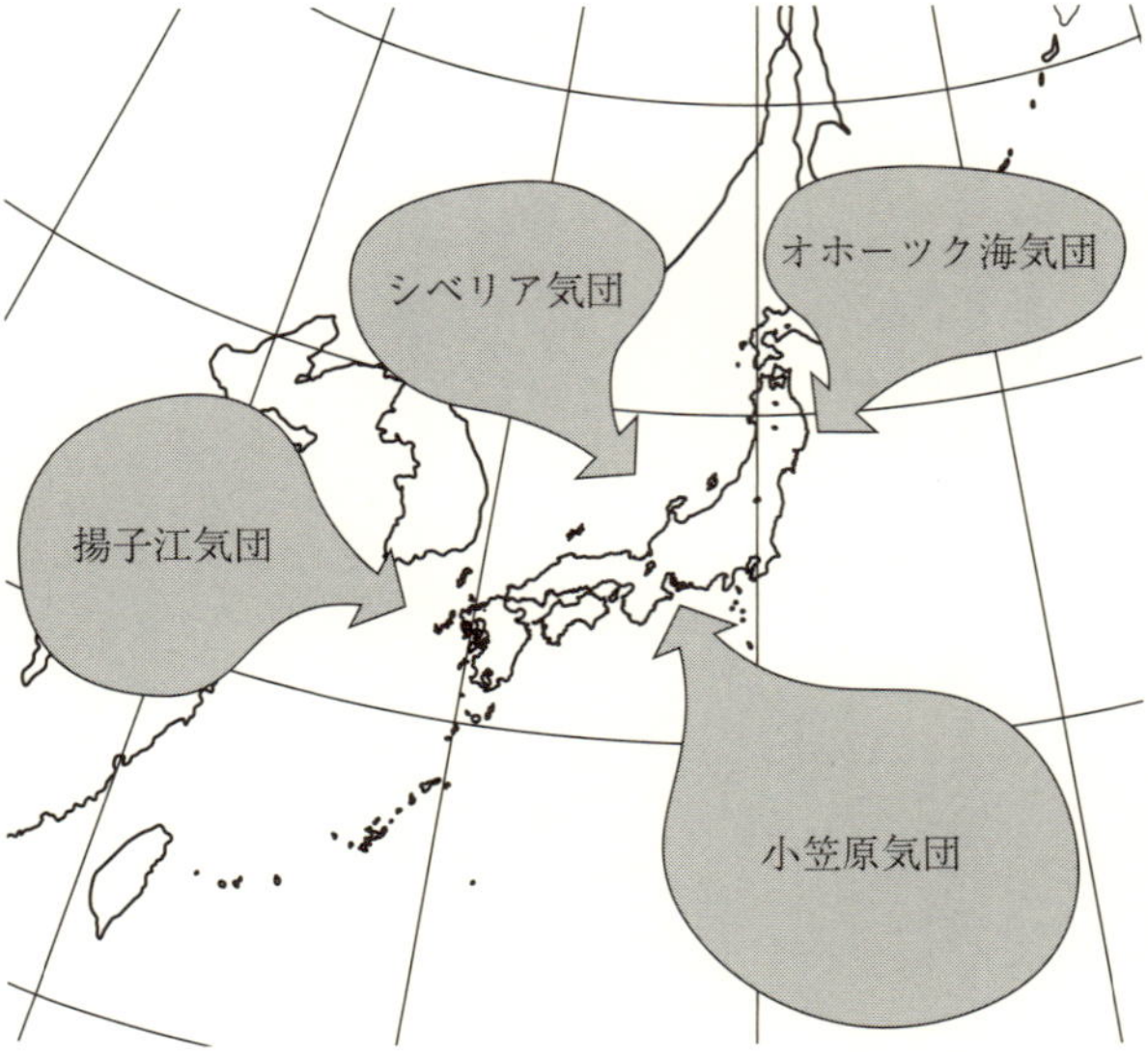

図 15　日本付近の気団

に覆われて，良い天気になるということが一週間ほどの周期で起こるのです。

（2）六月から七月の梅雨時（オホーツク海気団）

五月下旬から北海道の北のオホーツク海気団が強まり，その高気圧が南下してくるようになります。また逆に，日本の南海上からは夏の高気圧の代表である小笠原気団が勢力を強めます。この二つの気団が日本付近でちょうどにらみ合う格好になります。いままでの移動性高気圧と入れ替わって，日本付近は前線帯となります。この東西に長く横たわる前線を「梅雨前線」と呼びます。湿度が高くてむしむしとした不快な状態が一か月以上も継続します。さらに，この梅雨前線上をときどき低気圧が通過し，各地に雨をもたらします。ときには「集中豪雨」と呼ばれる激しい降水をもたらし，洪水や山崩れなどの災害を引き起こします。特に，梅雨明けの直前の時期には，台風などの接近に刺激されて，梅雨前線の活動がより活発化して，各地に大きな災害をもたらすことがあります。

（3）梅雨明けから八月の盛夏ごろ（小笠原気団）

七月下旬になると，小笠原気団が強まり，南の太平洋からの高気圧が勢力を強めて北上し，梅雨前線を押し上げて「梅雨明け」になります。高温で高湿な小笠原気団がもたらす日本の夏になります。天気予報では連日「夏型気圧配置」による猛暑を予想します。九月上旬まで，このような天気が継続しますが，この期間の何回かは上空に北からの寒気が流入して入道雲が発達し，各地に雷雨をもたらします。雷の詳細は、後ほど説明します。オホーツク海の高気圧が弱いと、太平洋からの高気圧が北日本へ広く張り出して、東北や北海道でも暑くなることがあります。逆に、オホーツク海高気圧の張り出しが強いときは、東北地方は「やませ」と呼ばれる冷たい北東の気流が東海上から吹き、冷害になることがあります。

（4）九、十月ごろの秋（揚子江気団）

九月上旬から中旬以降は、春の季節と同様に、大陸育ちの移動性高気圧に覆われるようになります。そして、「三寒四温」ということわざのように、およそ一週間に一回ずつの周期で晴雨が交互に現れます。そして、しだいに気温が下がり、冬へと向かいます。「暑さ寒さも彼岸まで」ということわざがありますが、これは、それぞれ春と秋のお彼岸までは寒気や暖気の影響があるが、その影響も彼岸までで、それ以降は春や秋の季節になる、ということをいっています。昔からの知恵がこれらのことわざに生かされています。

（5）十一月から冬にかけて（シベリア気団）

秋が過ぎると冬に向かいます。春から夏になるのと逆の現象が起こります。すなわち、大陸の北西部から寒冷なシベリア高気圧が張り出してきます。南の気団との間に「秋雨前線」を形成しますが、これは「梅雨前線」に対応するものです。そしてしだいにシベリア高気圧の勢力が強くなり、各地に「木枯らし」が吹くようになります。「春一番」に対応して「木枯らし一号」という呼び名があります。本格的に寒気が南下し、北西の季節風が強くなると冬本番です。日本海側は豪雪、太平洋側は空っ風の天気になります。そして、北陸地方では、雪やあられとともに雷が観測されます。これを「冬季雷」と呼びます。この現象は世界的にも珍しいものです。

以上で、各気団とそれらの影響を受ける各季節ごとの気象特性についての説明を終わります。

地域特性と天気図の型

さて、いままでの説明でも述べましたが、気団と気団の境には不連続線のような振舞いをする「前線」と呼ばれるものが形成されます。じつは1章（図3参照）ですでに説明したように、太陽からの熱が赤道をはさんで南北でアンバランスになり、それを打ち消すように東西方向の風の流れができます。このとき、南北に気温差のある境に前線ができ、しだいに低気圧へと発達していくのです。この様子を図16に示します。

この図には温帯低気圧の一生が描かれているとともに、もう一つこのような低気圧の若いものから年老いたものまでが同時に連なって出現することも示しています。実際、梅雨時などにはこのような低気圧の連なりがしばしば観測され、それらを「低気圧家族」と呼びます。これはあたかも左（西）から右（東）へ、赤ん坊から子供、そして成人を経て老人に至る人間の一生になぞらえてい

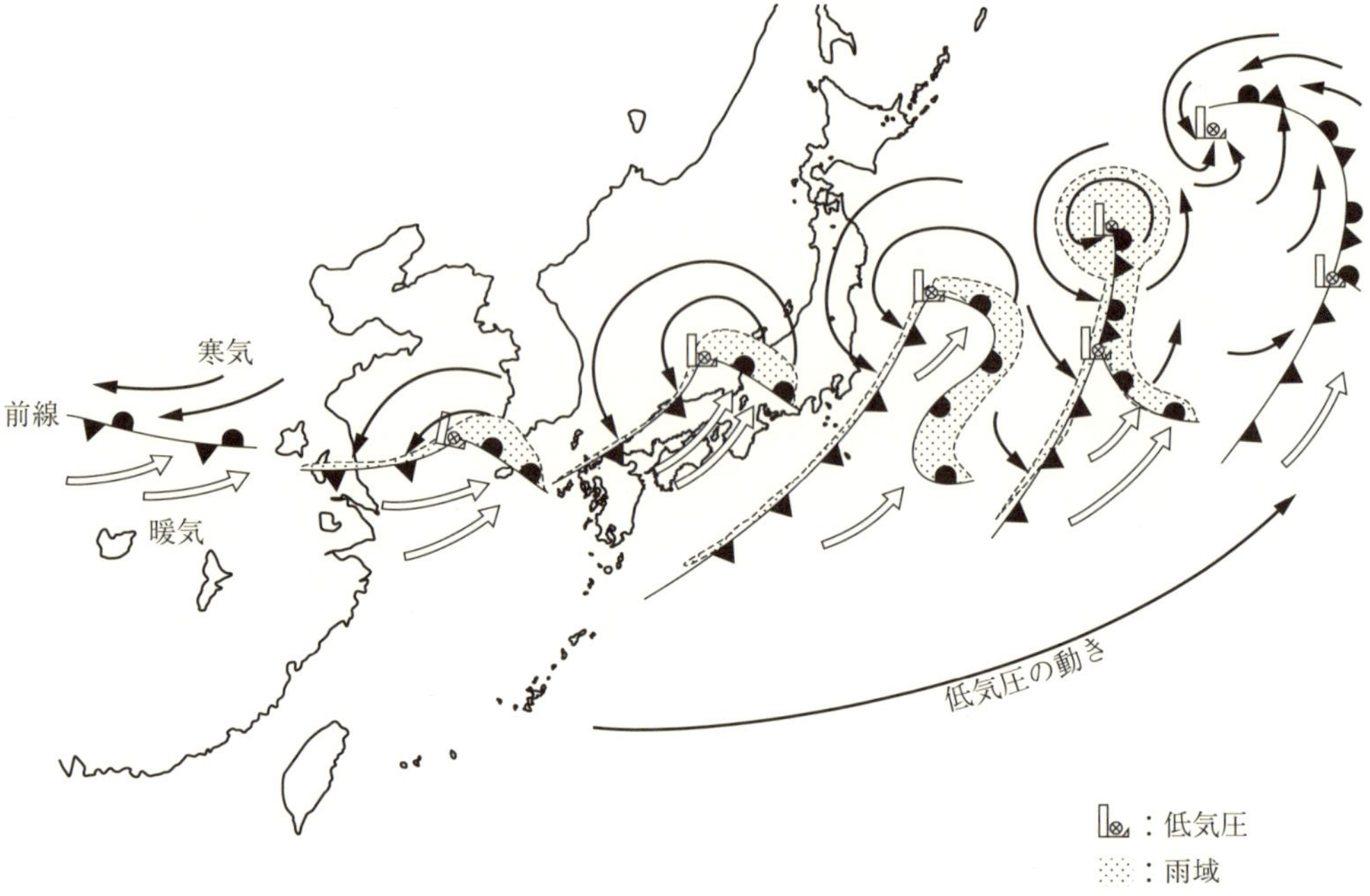

図 16　低気圧の家族

る呼称です。

中国大陸辺りで北の寒気と南の暖気がぶつかりあって前線が形成されます。これらはほとんど動かず「停滞前線」と呼ばれます。この後、ゆっくりと東に進みながら前線上に低気圧が発生します。矢印で示すような反時計回りの回転ができます。これは地球の自転の影響で、北半球では反時計回り、南半球では時計回りになります。

この後、低気圧は発達しながら東から北東へ移動して、東シナ海から朝鮮半島を経由して日本付近へやってきます。日本を通過するころにこの低気圧は最盛期を迎えます。低気圧の中心から「温暖前線」が南東に、そして「寒冷前線」が南西にそれぞれ延びます。このときの低気圧の断面を図17に示します。A—A′の断面で低気圧と各前線を切り、南側から見た図です。温暖前線の前面ではおよそ三〇〇キロメートルにわたり雨が降っています。その雨はいわゆる「しとしと雨」です。気象のほうの呼び方は「地雨」といいます。一方、寒冷前線の前面ではおよそ七〇キロメートルほどの雨域があります。温暖前線の前面よりは狭くなっています。しかし短時間に多量の雨が降ることもあり、その雨は「にわか雨」と呼ばれます。専門的には「驟雨《しゅうう》」といいます。

それぞれの前線面にはいろいろな種類の雲が発生します。これは1章で説明したとおりです。低気圧はその後、日本の東海上で閉塞（寒冷前線が温暖前線に追い付く）し、閉塞点に新たに低気圧ができ、さらに北東進してしだいに弱まりその一生を終えます。

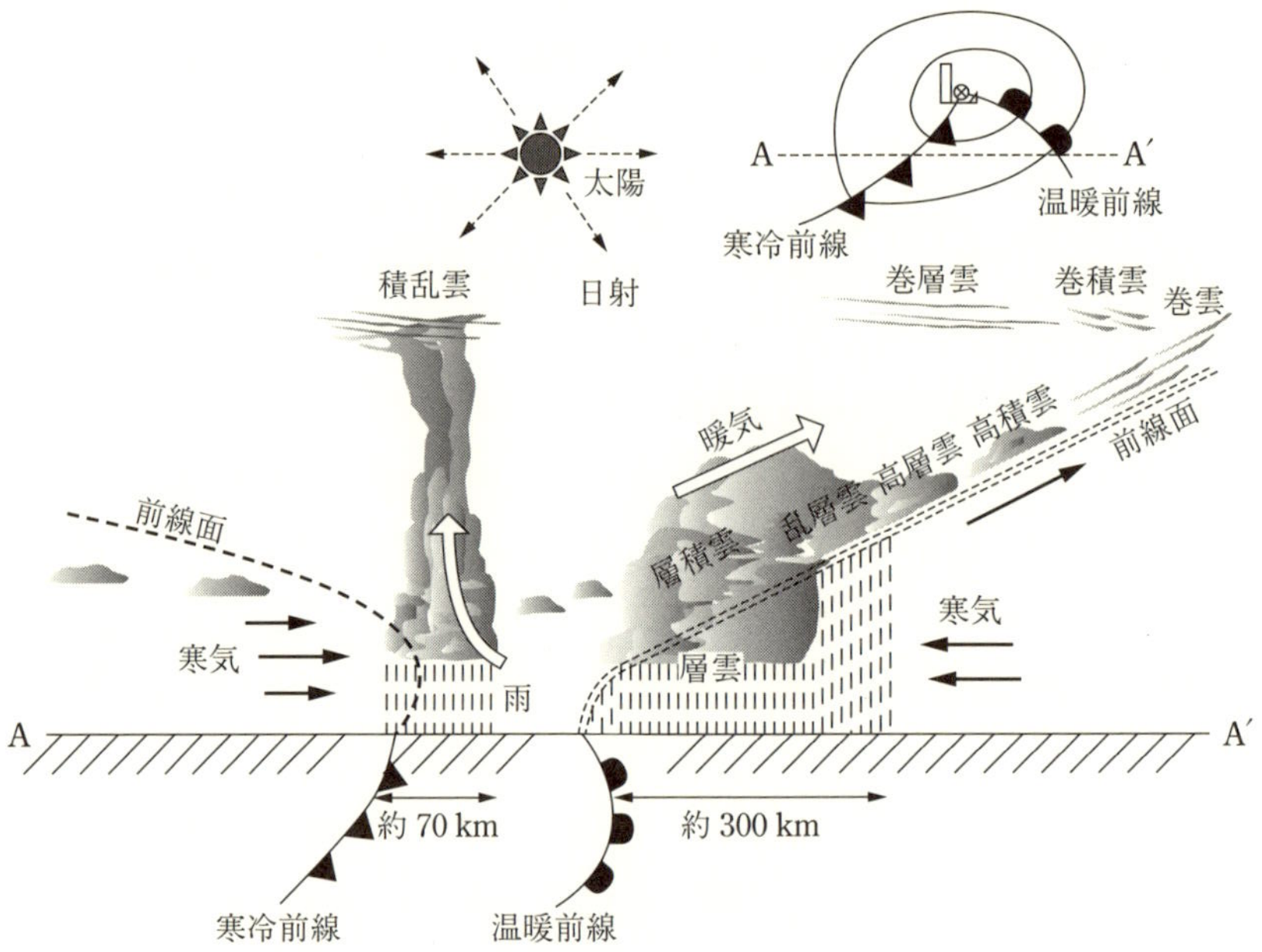

太陽
日射
積乱雲
A
A′
寒冷前線
温暖前線
巻層雲
巻積雲
巻雲
前線面
暖気
高積雲
高層雲
乱層雲
層積雲
前線面
寒気
寒気
雨
層雲
A
A′
約 70 km
約 300 km
寒冷前線
温暖前線

図 17　低気圧の断面

ここでは各季節の典型的な天気図を示して、その特徴について説明していきます。まず、図18は春と秋によく見られる「移動性高気圧」型の天気図です。大陸から晴天をもたらす高気圧が移動してきます。この高気圧は三角おにぎり型をしています。沖縄地方をのぞいて、全国的に良い天気です。

図19はやはり春や秋に多く見られる低気圧が日本付近を通過するときの天気図です。「日本海低気圧」型と呼ばれます。先ほどとは逆に、沖縄地方では晴れていますが、そのほかは全国的に曇りや雨となる天気のパターンです。北海道はこの時刻にはまだ晴れていますが、しだいに曇りから雨模様になってきます。

図20は「台風」型の天気図です。梅雨末期、あるいは秋雨期によく見られます。全国的に曇りや雨で、風も強く吹き荒れます。台風からの湿った空気の補給により、台風の前面にある前線の活動が活発になり、各地に大雨をもたらす可能性があります。

最後は図21で、「西高東低の冬型」の天気図です。北海道や日本海側、そして中部山岳地域では吹雪、太平洋側では晴天で非常に強い季節風が吹きます。日本海側の平野部よりはむしろ山岳部で大雪となるパターンです。そのため「山雪型」の天気図とも呼ばれます。山岳部では一日で一メートル以上の積雪になることも珍しくありません。冬場には特に注意を要する天気のパターンです。冬山登山やスキーなどのレジャーには、気象情報を上手に活用したいものです。

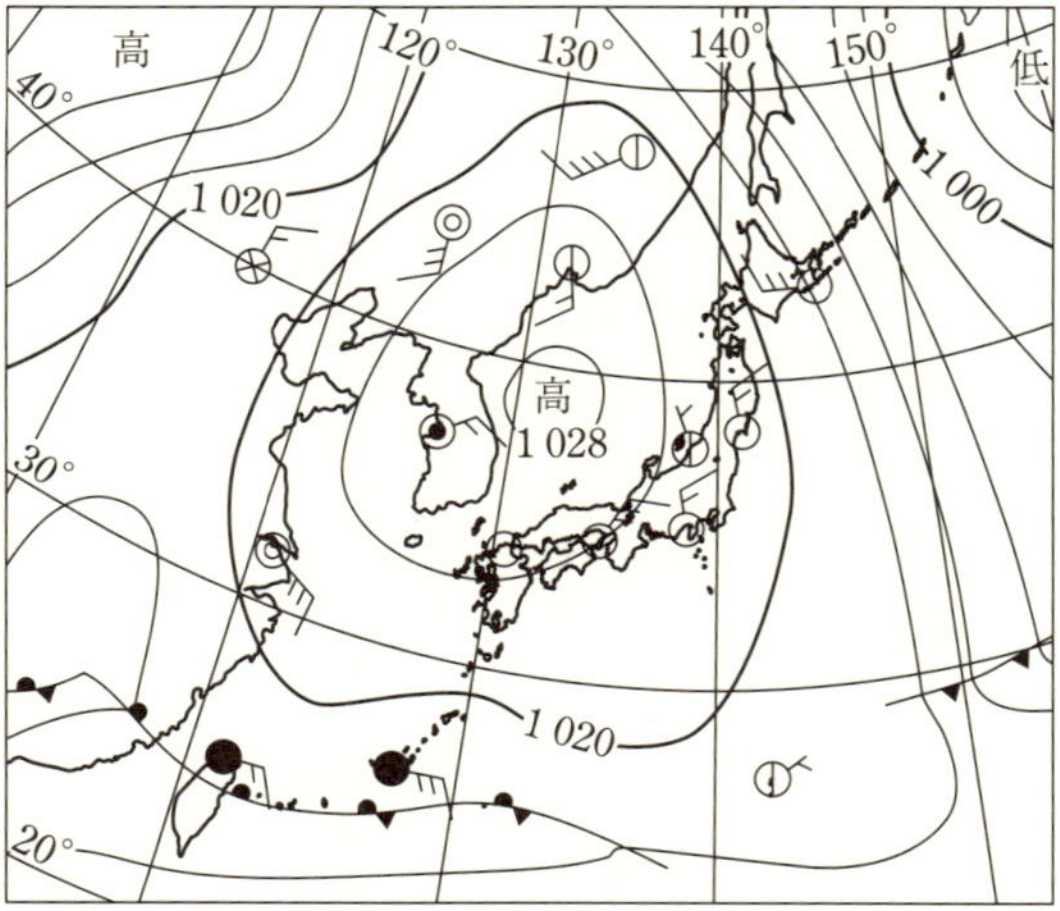

図 18　移動性高気圧型の天気図

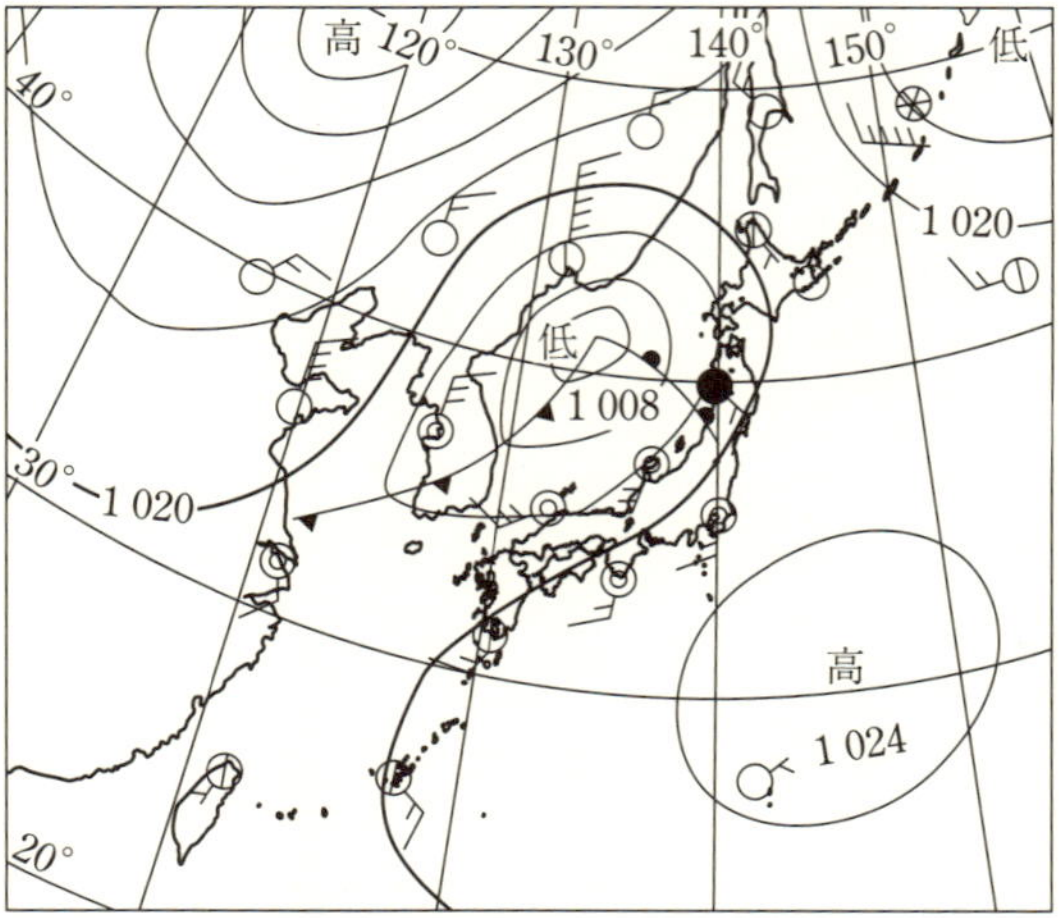

図 19　日本海低気圧型の天気図

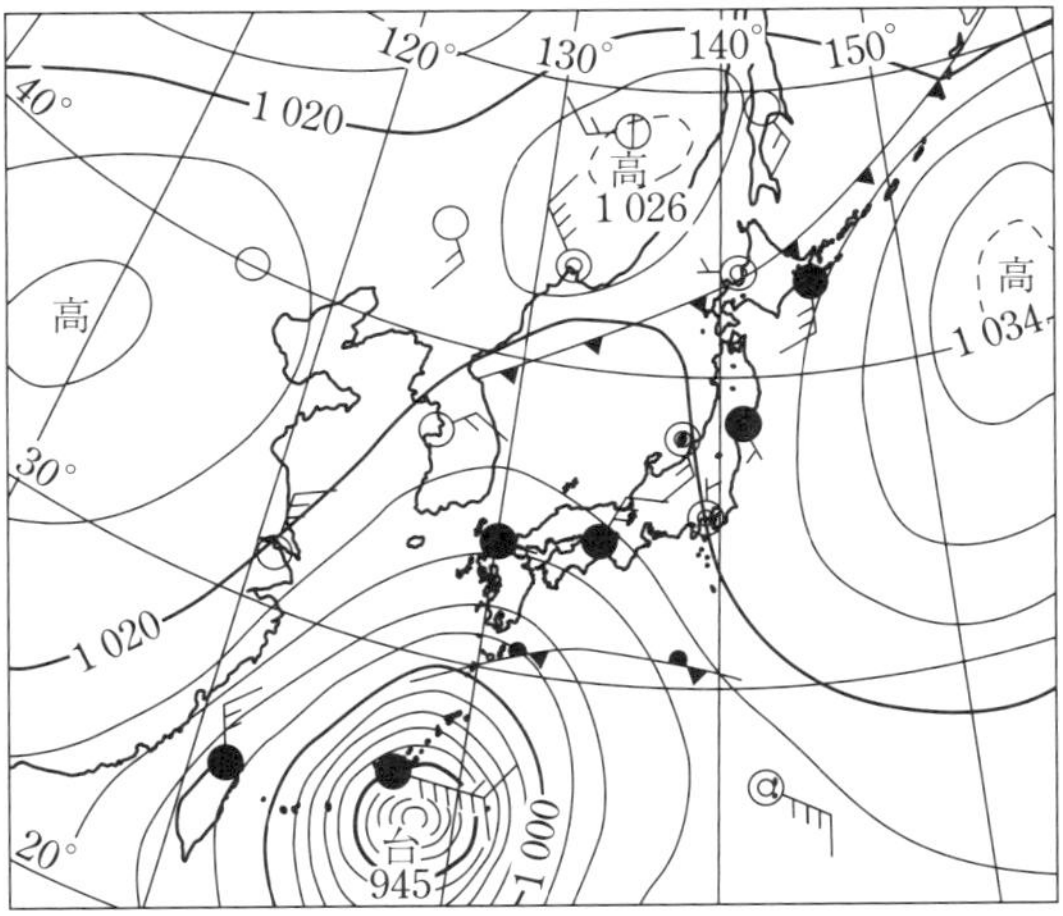

図 20　台風型の天気図

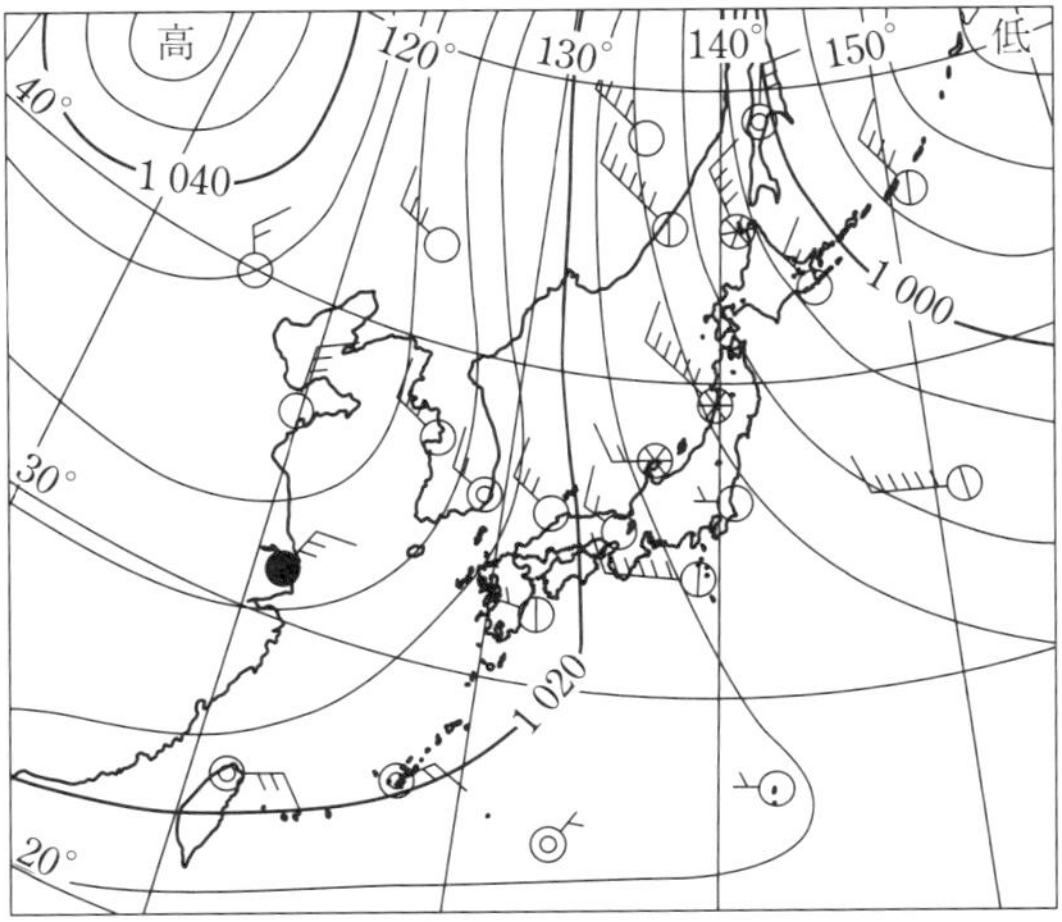

図 21　西高東低型（山雪型）の天気図

四季折々の雷の性質

夏の午後から夕刻にかけて、夕立と呼ばれる雷雨が起こることがあります。昼間の太陽からの熱射によって暖められた空気が軽くなって上空へ昇り、積乱雲にまで発達したものです。関東平野で夏によく見られる雷雨は、「熱雷《ねつらい》」と呼ばれるものです。これらの雷雨は、日本付近が先に述べた小笠原高気圧に覆われたときによく起こり、「夏型気圧配置」での雷雨と呼ばれるものです。

雷雨は春・夏・秋とそれぞれの季節におなじみですが、日本海側、特に富山、石川、福井の北陸地方においては、十二月から三月上旬ごろにかけての冬に雷が多発する非常に珍しい場所があります。新潟の豪雪は有名ですが、雪とともに稲妻と雷鳴が同時に起こる現象がとても興味深いものです。

春夏秋冬の各季節ごとに、雷を起こす気圧配置はそれぞれ違います。春と秋はおもに「温帯低気圧」に伴う寒冷前線によって雷雨が発生し、この雷を寒気と暖気の境界に発生するために「界雷《かいらい》」と呼んでいます。夏は前述したように、強烈な日差しで地面が熱せられて発生する「熱雷」に分類されます。これに対して冬は、日本海側の特に北陸地方で雷がよく起こります。しかもそれが冬によく見られることがほかの地域と異なる気象現象です。

まず初めに、雷雲の盛衰と気象レーダで観測されるレーダエコーとの関係について説明しておきます。目で見ることができる雷雲とレーダによってとらえられる雷雲のエコーとは同じものではありません。図22は典型的な雷雲の盛衰を模式的に示したものです。雷雲は通常発達・成熟・衰弱という三つのステージを経て、およそ数十分の寿命を持ちます。レーダエコーについてもおおむねこれらのステージの分類が当てはまります。しかし図22の上段からわかるように、雷雲の発生から十分程度しないと気象レーダのエコーとしてはとらえられません。これは1章でも説明しましたが、雲粒と雨の粒子直径の違いにより、雲は気象レーダにより電波反射エコーとして捕捉できないためです。雲粒の直径に対して、雨粒のそれは非常に大きいことがわかると思います。

　わが国で用いられている気象レーダの波長は三〜五センチメートルが主流であり、数ミリメートル程度の雨粒

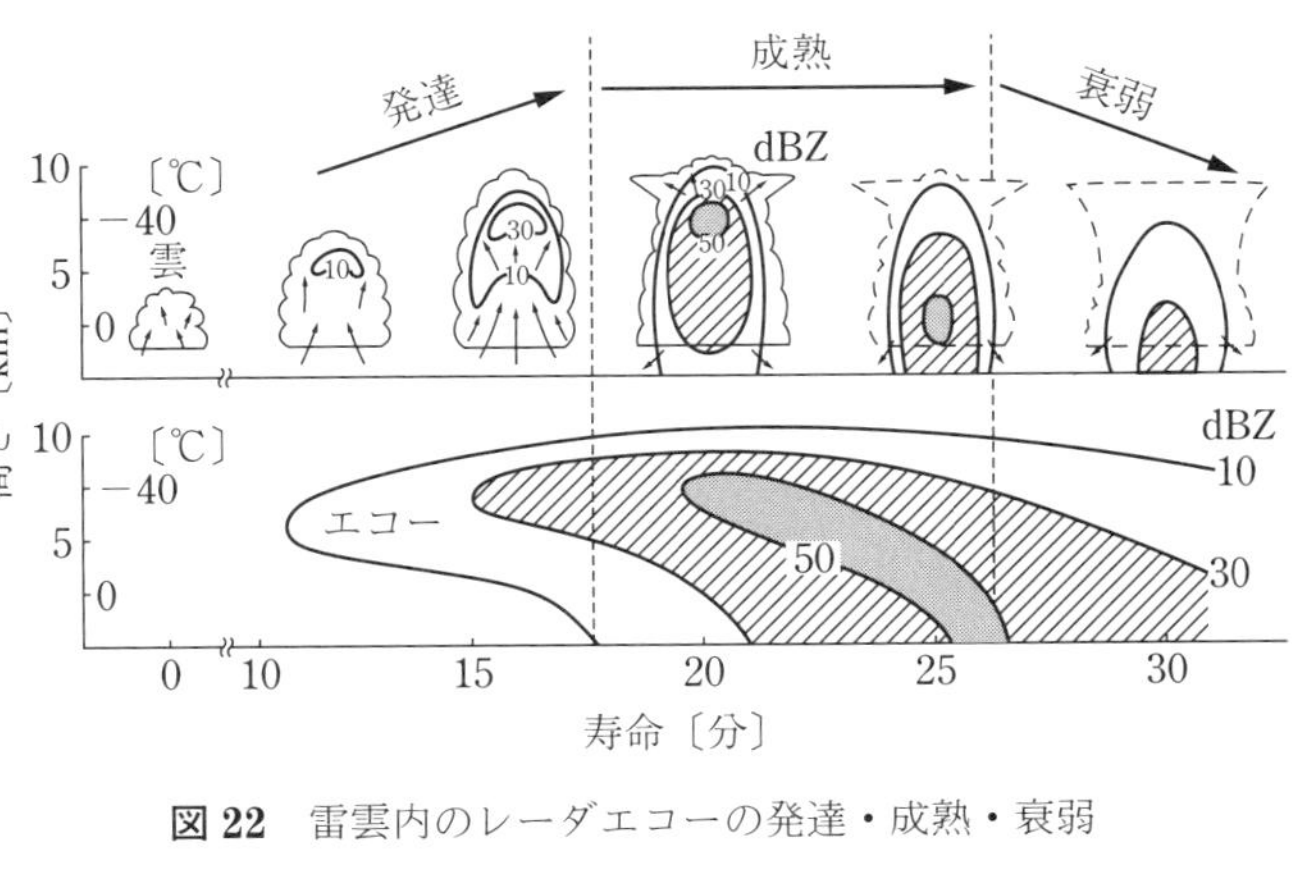

図 22　雷雲内のレーダエコーの発達・成熟・衰弱

はエコーとして見ることができますが、ミクロン単位の雲はそれこそ雲をつかむような話です。

図22の上段からわかるように、エコーとして現れる降水領域はまず上空に形成されます。その後、強度を増しながら、しだいに降下して地面に達します。ここではじめて地上では雨や雪が観測されるようになります。この模様を図22の下段に各エコー強度の時間変化として示してあります。

つぎに雷雲の電気的な構造についても簡単に説明しておきます。二十世紀初めにおける雷雲（おもに夏のもの）の電荷分布は上層に正電荷、下層に負電荷が分布しており、下層の強い降水域に対応して小さい正電荷が存在しているというものでした。

冬の雷活動

冬の雷雲も夏のものとまったく同様な電荷分布をしていることが、ゾンデ観測からわかりました。すなわち、冬も夏と同じく上正・下負の構造をしていることがわかったのでした。

一九八〇年代の中ごろ以降、コンピュータの発達により、雷雲の数値モデルによるその電荷分離機構の研究が盛んに行われるようになってきました。また、気象レーダを用いて、冬季の雷雲を集中的に観測する試みも始められました。その結果、雷雲内の空間電荷分布は、夏と冬では地上からの高度は変わりますが、気温に関しては夏冬ともにほぼ同様であることがわかりました。また、マイナス三〇℃付近に氷晶による正電荷が雷雲上方に存在し、マイナス二〇℃付近から下層にはレーダエコーに対応してマイナス一〇℃層を中心にあられによる負電荷層があり、それより下層には正に符号を変えたあられやそれらが融解した雨滴による局所的な正電荷が存在することもわかりました。すなわち、雷雲の成長期にはマイナス三〇℃付近で電荷分離が起こり、そこで最初の放電が始まり、つぎに成熟段階以後はマイナス一〇℃層を中心としたあられの負電荷層と、それよりも下層にある局所的な正電荷により電界が強まり、第二段階の放電が起こるのです。このコンピュータを用いたシミュレーション結果は、冬季の北陸地方沿岸の雷雲活動についての観測事実と非常によく合っていることがわかったのです。

北陸周辺の冬季雷雲のレーダエコーと発雷との関係を統計的に調べると、マイナス二〇℃を超えて対流性エコーが存在する場合には発雷が起こることがわかりました。ただし、毎年二〜三月初めのいわゆる厳冬期には、上の基準に当てはまらない対流雲が出現しました。すなわち、エコー頂気温はマイナス二〇℃よりも冷たいが、非発雷である雷雲エコーがしばしば観測されたのです。

この非発雷の雷雲エコーの存在を別の見地から考察し、マイナス一〇℃の高度がおよそ一・八キロメートル以下になると、その対流雲のエコー頂気温がマイナス二〇℃を超えていても発雷しないか、または「一発雷」と呼ばれる非常に放電活動の弱いものとなることが突き止められました。詳細は、新コロナシリーズ第41巻の拙著「冬季雷の科学」を参照してください。

このことについて、後に東北地方北部から山陰地方にかけての日本海沿岸の高層・地上の観測点におけるデータを用いて、冬季について上記の現象を追試してその妥当性を示した例もありました。また、冬季雷発生の気象条件が新潟〜石川県周辺で調査され、高層気象観測点の輪島上空五五〇〇メートル付近の気温がマイナス三〇℃以下に急激に下がり、その気温減率が一〇℃／日以上のときに日本海沿岸で冬季雷が発生することが明らかにされました。

冬の雷雲の場合には、背丈が低く、さらに海表または地表面が雲底近くまでせり上がったようになっています。そのために、上昇気流が弱くてマイナス一〇℃層付近での電荷蓄積が不十分となり、その結果として一発雷や非発雷の雷雲が出現するのです。さらに、上昇気流が弱くて成長したあられは雷雲内にとどまることができずに落下してしまい、雷雲は正電荷だけの単極子構造になると推定されます。

夏の雷活動

夏型特有の気圧配置を示す天気は、小笠原高気圧に覆われ、連日三〇℃を超えるような真夏日が続きます。そして、冷たい空気が上空に流れ込むと大気が不安定になり、雷雲が発生します。

このことを理解するためにお風呂の湯槽のお湯を想像してみてください。お風呂をわかすと湯槽の上のほうが熱くなり、下のほうはまだ水のままということがよくあります。熱い湯は水よりも軽いので、自然に湯槽の上にたまります。逆に冷たい水を熱い湯に入れると、水は重いので下に、そして湯は軽いので上に動こうとします。

これと同じようなことが空気中でも起こります。つまり、重く冷たい空気は下に、地面付近の暖められた空気は上に動きます。このような運動に伴って空気中の水蒸気は雲になり、しだいに雨粒や氷の結晶になります。

さらに上空ではあられやひょうが形成されるようになり、やがてそれらいろいろな粒子の相互作用によって、正負の電荷が分離・蓄積されるようになるのです。

春・秋の雷活動

温帯低気圧に伴う寒冷前線周辺には、雷雲が堤のように連なって移動しながら雷鳴や電光を起こしています。テレビの気象情報などでしばしば紹介されているので、多くの方々にはなじみがある寒冷前線ですが、雷は前線内に点在している積乱雲という雲によって引き起こされます。

夏や冬と違うのは、温帯低気圧の移動とともに寒冷前線の上を雷雲が列をつくって移動します。一つ一つの雷雲は春夏秋冬を通じて同じですが、季節ごとの地上から上空までの温度の構造は、1章で説明したとおり異なります。

春は冬から夏に、秋は夏から冬になる過渡期にあたります。よって、気温の格差が大きく、そのため寒暖の差が大きくなり、強烈な雷雲になります。

雷の電気的特性などについて

一般に雷雲の電荷生成の理論は、学者の数だけ存在するといわれるほどたくさんあります。事実、今日でも雷雲の電荷生成について、百パーセント満足する考え方は出てきていません。もしこれを満足させることができれば、ノーベル賞も夢ではないといわれているほどです。

雷雲は、正負の電荷を生成させ、それらを分離して蓄積させる、いわば発電機のような役割をしているといえます。正電荷が生成され、雲の一方へ集められ、また、負電荷も同様に生成されて、雲の他方へ集められ、電荷が分離・蓄積されます。

こうして、しだいに正負の電荷の分離・蓄積が進むと、これらの蓄積された電荷による電界や、それらと地上に誘導される電荷との間の電界が強まって、大気中の絶縁が破壊されると、いわゆる「雷放電」が起こるのです。

過去百年の間に、感応理論、水滴分裂理論、氷晶衝突理論、温度差理論等のいろいろな理論が提出されては、つぎのものにそれを覆されるという歴史をたどりました。おもな電荷分離の理論の説明は、参考文献の「大気電気学概論」に詳しく記述されていますので、そちらを参照してください。

なお、この中で今日、最も確からしい雷雲の電荷生成機構と考えられるのは、「着氷電荷発生機構」と呼ばれるものです。「着氷」という言葉は、2章でも説明しましたが気象学の中で用いられるもので、物体に氷が付着することです。雷雲や対流雲の中での着氷は、過冷却の水滴が氷結してあられに成長することであり、このメカニズムによって、正負の電荷が生成分離されるというものです。

現段階では、この着氷電荷生成が最も有力な理論として受け入れられていますが、これも雷雲内の電荷生成の主要な部分を担うということで、いまだ百パーセントではありません。いままで提案されたほかの理論（例えば、氷とあられの摩擦による電荷生成や水滴が分裂する際に電荷が正負に分離される等）が多数合わさって、なおかつ複雑に行われているものと推定されます。雷雲の電荷分離および生成機構を完全に解明すれば、ノーベル賞も夢ではありません。

ところで、雷放電をとらえるにはどのようにするのでしょうか。この疑問を解くために、いままでの説明の中で、雷雲をどのようにして定量的に扱うか、すなわちどのように観測するのかがわかったと思います。ここではもう一つ説明しておかなければならないことがあります。それは、「雷現象」をどのようにして確認するのかということです。従来は目や耳での電光や雷鳴の観測が主流でした。しかし、昼間では電光は観測者と雷雲との間にほかの雲があるとそれに遮られてよく見えませんし、雷鳴はせいぜい二〇キロメートル程度が観測の限界になります。これは、音波が空気中を伝わるときにしだいに減衰するためです。

雷雲からは電光や雷鳴とともに空電と呼ばれる電波が発生します。いろいろな周波数帯の電波が雷放電に伴って出ているのです。どの周波数を探知するかは、それから得られる情報をどのように利用するかによって異なります。すなわち、何百キロメートルもの遠方からの雷放電をつかまえるには、中波帯が有利ですし、数十キロメートル程度であれば極超短波帯が適当です。著者は一〇〇キロメートル内外での雷放電を、それと同じぐらいのエリアで気象レーダエコーと対応させて解析する目的で、超短波帯を使用しています。この周波数帯は、FM放送やTV放送に使われており、一〇〇メガヘルツ付近の空電を受信するものです。

ここで冬季雷を気象学的に見た特徴について述べようと思います。いままでに述べてきた事項を気象学的に考察してみましょう。日本海側の雷現象は、まず十月ごろ、秋田県沖に雷のピークがあり、十一、十二月にかけてそのピークの場所が新潟県から北陸地方へ南下します。そして、一、二月には引き続き北陸にピークがきます。このような雷日数のピーク域の南下は、あたかも大陸からの寒気の南下に対応しているように見えます。実際、この大陸からの寒気と日本海を北上する暖流の影響で雷雲ができることはすでに説明したとおりであり、読者の方々はもうこの雷日数のピーク域が南下する原因はおわかりのことでしょう。これらの様子は図23に示されています。大陸からの寒気の南下と日本海側各地の雷頻度がよく対応しています。

以上のように、北陸地方は、シベリアからの寒気の流入と対馬暖流による水蒸気の補給により、

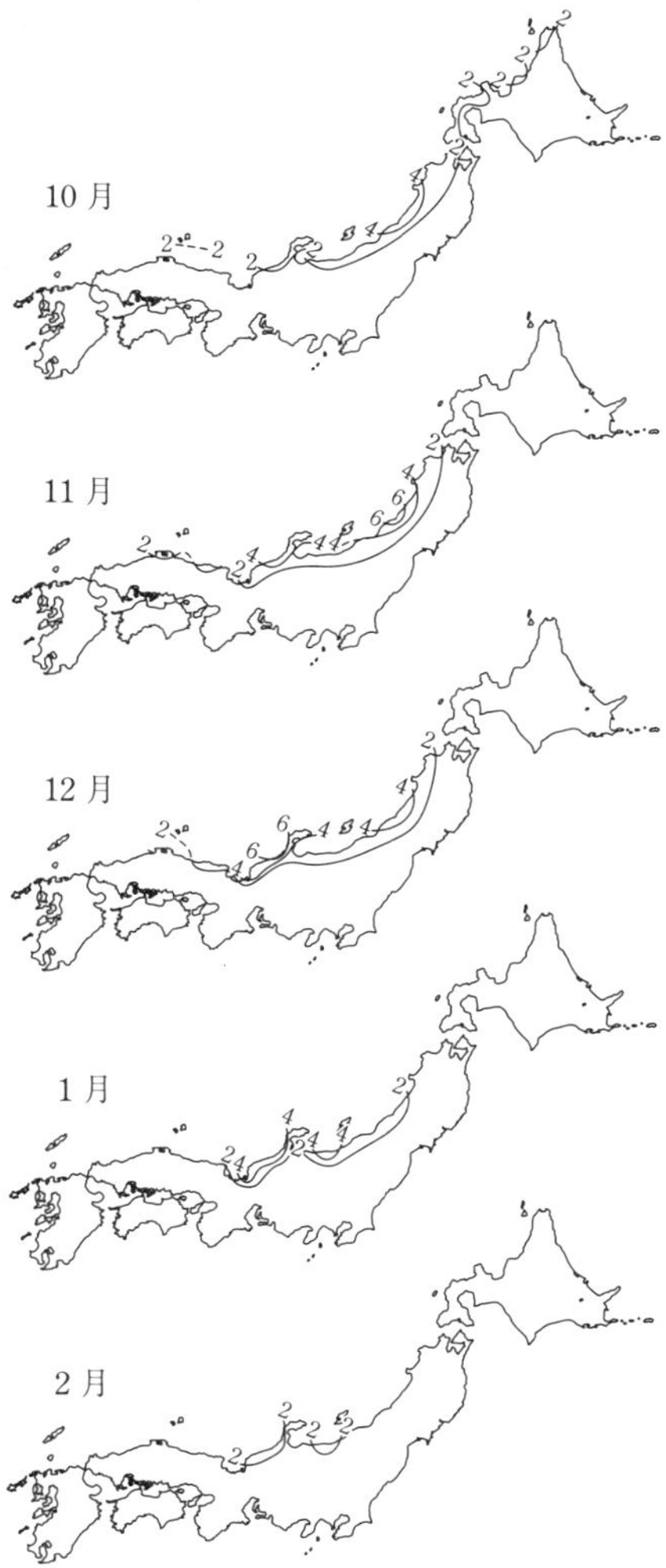

図 23　雷日数の月別頻度分布図
（10 月～2 月，単位：日）

雷雲を発生させるのに最も適した場所にあるということができます。このように、気象的に見ても北陸地方は冬の雷の発生に非常に都合がよいところにあるといえます。

夏の場合は、わが国において一九四〇年代後半に関東平野で行われた「雷の総合観測」以来、半世紀にわたる現在まで、大がかりな総合観測は実施されていません。これから夏雷についてもますます研究する必要があり、現在、われわれのグループを中心に観測が開始されつつあり、総合観測が実施されています。

雷現象の不思議

いままで説明してきたことを読まれた方は、雷現象についてのおもしろいことや未解明なことなどが容易に理解されたことと思います。中には、夏の雷はおなじみでも、冬に雷が起こるなんてまったく知らなかった方もおられたのではないでしょうか。

ここで至近距離で撮影された稲妻の写真を紹介します。写真5は、冬の稲妻の例ですが、観測点から数百メートルのごく近くに落雷したものです。大音響とともに地響きを伴った落雷でした。見事な枝分かれの模様が撮影されています。低い雲が邪魔して、このようなすばらしい稲妻はなかなか写せません。非常に貴重な写真です。

このほかの珍しい雷は、「球電」もしくは「球雷」と呼ばれる現象です。これは俗に「火の玉」や「人魂」などといわれるもので、プラズマ現象によって発生する物理現象のようです。激しい雷活動に伴って、非常にまれに起こります。いつも起こるわけではなく、一説によると落雷三千回に一回の割合で発生するといわれています。著者もじつは二十年以上の雷観測の経験がありますが、この火の玉現象を目撃したのは、夏にたった一回だけです。英語では「ボール・ライトニング」と呼ばれますが、まさにソフトボールのような二組の火の玉が落雷の直後に数回発生したのを目撃し

写真5　冬の稲妻

図24　球雷の様子のスケッチ

ました。図24はそのときの様子を再現したスケッチで、著者が目撃したものを後で描いていただいたものです。

さて、落雷は人命にも大きな驚異となるものです。日本では、年間数人から十数人の死傷者がでていますが、落雷の威力は非常に激しく、電圧は一億ボルト以上にもなります。

雷は高いものに落ちる性質があり、さらに木の幹を伝わって地中に入ります。雨宿りなどで高い樹木の下に避難していて、その木に雷が落ちて感電死した事故が多くあります。適切な避雷方法を取る必要があります。図25は、それを説明するための模式図です。すなわち、避雷針の役目をする木は、高さが四メートル以上必要です。そして、その木の天辺から四五度の範囲内が安全圏となり、保護範囲といいます。しかし、木の枝や葉の

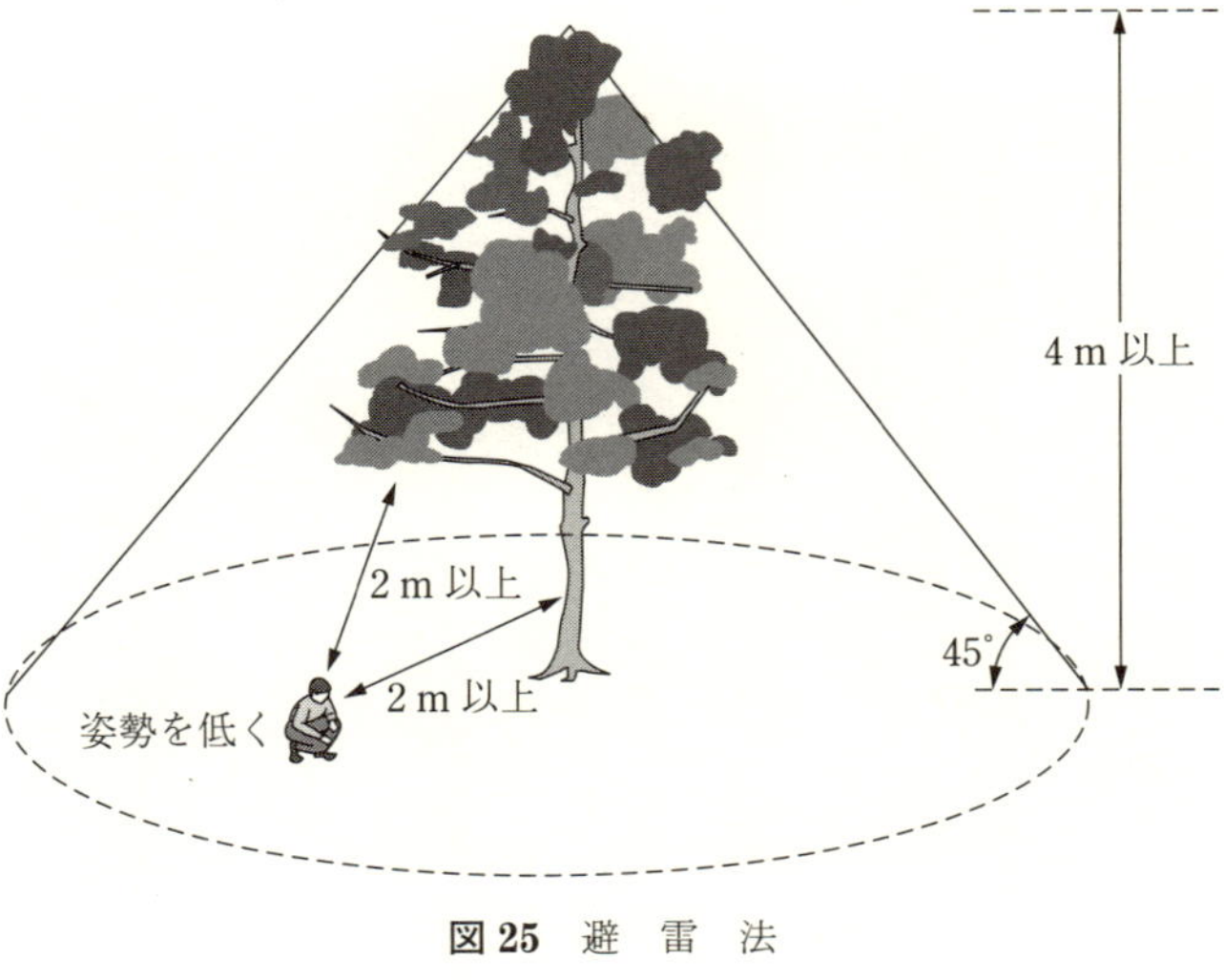

図 25　避　雷　法

先端から二メートル以上離れることが必要です。また、姿勢はなるべく身を低くすることが有効な避雷法です。

雷鳴が聞こえたらすでに一〇～一五キロメートル以内に雷雲が近付いていると認識してください。「かみなり様」の射程距離にいるということを十分に肝に銘じていただいて、適切に避難してほしいものです。ゴルフ場などでは避難小屋へ、そのほか屋外にいるときは、先ほどの注意を守りつつ、自動車の中などへ避難することも必要です。

これからの雷研究の方向など

夏と冬の雷雲の性質の違いについては、いままでいろいろと指摘しました。夏と違って冬は、雷放電活動が弱いにもかかわらず、一度放電が起こると、夏の何十倍もの電気量が流れ、落雷等による電力設備等への被害も大きいことがわかっています。しかし現在まで、この事実は事故事例の検証等でわかっていますが、なぜ落雷の被害が大きいのかについては、よくわかっていません。

冬季の雷雲は夏季のそれに比べて、水平方向に非常に大きな広がりを有しているという特徴があります。このことは、著者の十数年にわたる北陸地方での雷雲等のレーダ観測でも確かめられています。

厳冬期の雷雲は、水平距離が四〇～五〇キロメートルと夏の雷雲の四～五倍程度となっていることがわかりました。この雷雲の中で、エコーセルがいくつか盛衰を繰り返すのですが、それらの一つ一つは夏のものと比べるとさほど激しくなく、むしろ静かに行われているのではないかと推測されます。そして、雷放電までは至らないけれども、電荷分離と蓄積をなしたエコーセルが順番にいくつかできては消えていくということを、この水平方向に大きく広がった対流雲内で起こっているのではないかと思います。そして、なんらかの引き金（例えば離着陸する航空機、海岸付近の高い建物や地形等）によって、雷放電（一発雷的なもの）を起こすのではないかと推定されるのです。

このことはいまだに推測の域を出ていません。今後、研究を継続して確かめる必要がある項目です。

4　気象・気候トピックス

異常気象

異常気象とは、三十年に一回起こるか起こらないかの非常にまれな状況と定義されています。なぜ異常気象が起こるのかについては、いろいろな要因が複雑に絡んでいるものと推察されます。純粋に自然の変化だけでなく、近年は人間が生活する際に自然を破壊するような人為的なものもその要因の一つであるかもしれません。

気象に関係しないものとしては、2章で説明した火山の噴火があります。噴火による噴煙の中の火山灰や微小粒子が対流圏から成層圏に入り込み、太陽光線を遮るようになります。これはちょうど夏の直射日光を避けるために日傘を差すことにたとえて、「日傘効果」と呼ばれます。大規模な噴火では、噴煙は地球全体に広がりますから、低温化の影響は地球規模になります。いん石の衝突による地球の寒冷化によって、恐竜が滅びたと推測されていますが、火山灰の影響もこれと同様に非常に深刻なものとなるのです。

気象に関係するものの例は、海面水温の異常があります。代表的なものは「エルニーニョ現象」と「ラニーニャ現象」の二つです。

エルニーニョ現象とは、東太平洋のペルー沖での海面水温が平年よりも三～四℃高くなる現象のことです。この現象は世界的な異常気象を引き起こす原因とされています。ペルー沖の海面水温は通常同じ緯度の他の海域に比べて、五℃以上低温です。これは貿易風と海流の相互作用によって、ペルー沖で深い海の底から冷水がわき上がってくるためです。この深海からの冷たい水は、非常に滋養分が豊富で、海表面にわき上がると微生物が繁殖し、それを餌に魚類もたくさん群がるようになります。このため、ペルー沖は世界でも有数の漁場となっています。通常のペルー沖の海面水温は、図26（b）のようなメカニズムで周辺の海域よりも低温になっているのです。

しかし、貿易風の状況によって海流が変化し、深海からの水のわき上がりが弱まると、海面は平年に比較して昇温しだします。すると、滋養分が減少して微生物が繁殖せず、餌がなくなるので、魚類も集まらず、不漁となってきます。世界有数の魚類タンパク質の供給源が不漁となれば、世界的な影響も大きく、ペルーやエクアドルの経済に大きな打撃を与えるようになります。この様子は

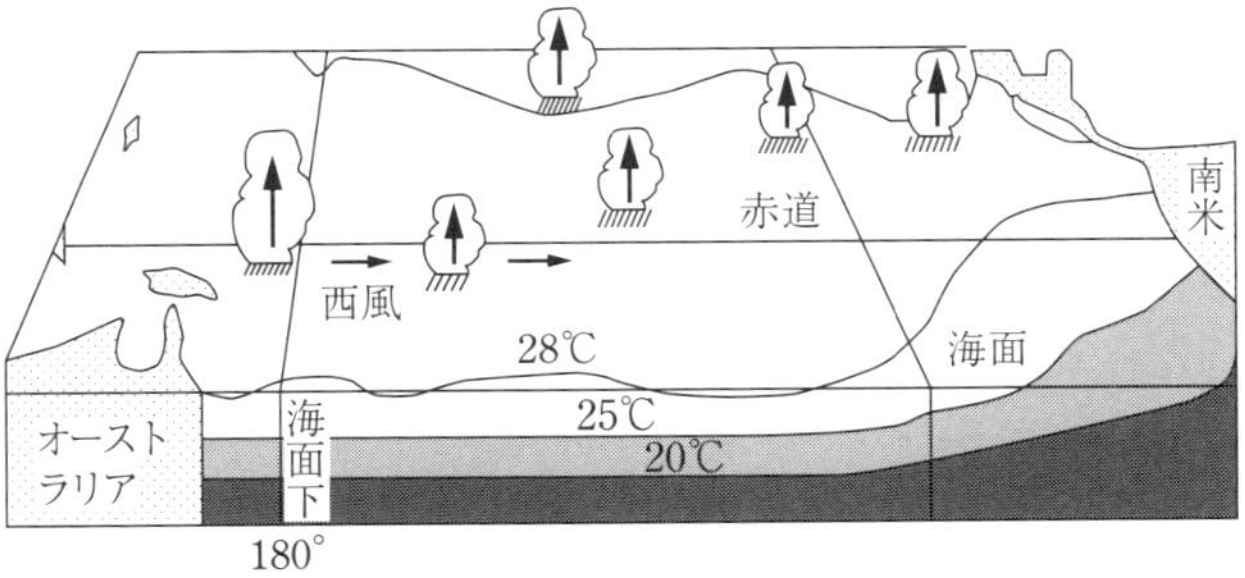

（a）エルニーニョ現象

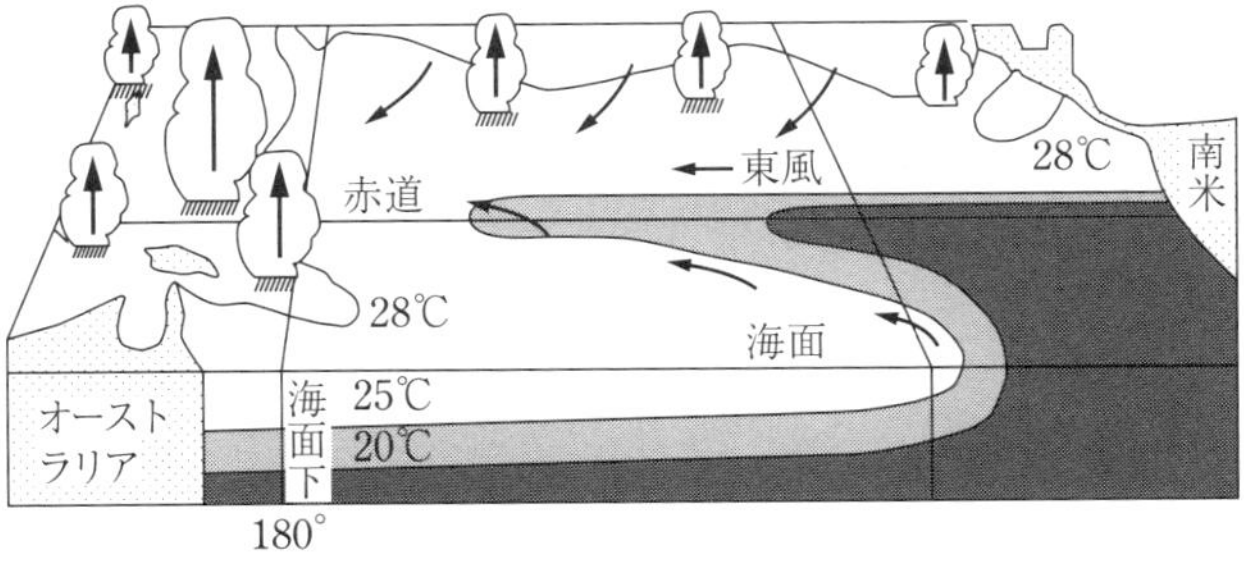

（b）ラニーニャ現象

図 26　エルニーニョ現象とラニーニャ現象の発生原理

図26（a）に示しています。

これらの一連の現象をエルニーニョ現象と呼び、スペイン語で神の子（イエス・キリストのこと）を指します。エルニーニョ現象には、貿易風などの地球を巡る大きな風の流れの変動とも関係しており、世界的な異常気象との関連が近年世間を騒がせています。

一方、ラニーニャ現象とは、ペルー沖の海面水温が平年に比較して異常に低くなる現象のことです。ラニーニャという言葉はやはりスペイン語で女の子という意味です。ペルー沖の海域はもともと海面水温が低いところですが、西風が強くなるとエルニーニョ現象が起こり、また深海からの冷たい海水のわき上がりが強い〔図26（b）参照〕とこのラニーニャ現象が起こります。これらの海面水温の異常がなぜ起こるのかを突き止めることが今後の課題であろうと思われます。大気と海洋の相互関係についての理解がもう少し解明されれば、世界的な規模で発生する異常気象についても予測が可能となるにちがいありません。

日本から最も遠い南米の海面水温の異常が、わが国の異常気象にも深く関係していたのです。このところの台風の発生数の変化や集中豪雨等の現象を考えると、このことは明らかに理解できるでしょう。防災という見地からすると、異常気象を発生させるいろいろな現象を確実に予測し、それらがもたらす地球規模の気象現象の変動を事前に予想して、対策を取ることができるようになることが重要なのです。

つぎはいま話題になっている気象災害について取り上げます。

気象災害

二〇〇四年七月の新潟県から福島県にかけての集中豪雨災害や同年十月の台風による全国的な気象災害はいまも記憶に新しい出来事です。多くの方々が記憶されていると思います。前線が新潟県から東北地方の南部に停滞していて、暖かく湿った気流が大量にしかも長時間継続して流れ込み続けました。その結果、記録的な大雨となりました。また、台風による豪雨も兵庫県を襲い、豊岡市付近ですさまじい豪雨となりました。

この例のように集中豪雨は非常に局地的であり、極端な場合には、隣の集落ではほとんど雨が降らずにその隣の町では一晩のうちに数百ミリメートルの雨が降ることもあります。また、この大雨を半日程度前から予測することは、現在の天気予報の技術レベルでは不可能なのです。

一〇〇ミリメートル程度の雨が数時間のうちに観測されると、その後の数時間に同程度かまたはそれ以上の雨が降る可能性の有無を初めて判断できるのです。短時間の降水予報の技術は近年急速に確立されてきました。これは、気象レーダ網の整備やアメダス観測網の普及に負うところが大です。

気象レーダでは、これから数時間先の降雨量を予測することが可能となっています。また、アメダスのデータと組み合せたレーダ・アメダス合成図を利用すると、より正確な降雨量予測が可能となりつつあります。しかし、災害が起こる可能性を十分な確度で予測する技術の開発には、もう少し時間がかかりそうです。研究者は鋭意努力する必要がある分野であると思います。

地球温暖化

二〇〇三年の夏は冷夏でしたが、逆にヨーロッパでは記録的な熱波により熱中症などで多くの方々が死亡しました。また、翌二〇〇四年の夏は日本各地で記録的な猛暑となりました。世界的には気温はどのような傾向を示しているのでしょうか。二〇〇三年の地球温度は過去最高であったことが、アメリカ海洋大気庁（ＮＯＡＡ）の調査でわかったのです。それによると、同年は地球の観測史上、最も暑い年でした。ＮＯＡＡによると、同年の地球全体の平均気温は一五℃程度で、これまでの記録を更新して、過去百二十年以上の観測データの保存期間中で最高を記録したのです。

この気温上昇の原因としてＮＯＡＡは、①過去最大規模のエルニーニョ現象の生起、②インド洋の海面水温の異常上昇などを挙げています。

同様に、アメリカ航空宇宙局（NASA）は、地球の平均気温が二十年以上連続して上昇しており、二〇〇四年の地球の平均気温が過去最高であったことを発表しました。

以上のように、わが国および世界の気温の状況をみると、地球温暖化が進行しているのは確実であるように思われます。なぜ地球の温暖化が進行しているのでしょうか。

二酸化炭素の増加による温室効果がおもな原因ではないかと推測されていますが、今後の研究成果が待たれるところです。数値予報モデルが開発され、「近未来である二一〇〇年には、地球全体は現在よりもかなり暖かくなる」という結論が導かれています。二酸化炭素の排出量を制限するなどの努力を地球規模で行わない限り、この確実な温暖化を避けることは困難であるかもしれません。

宇宙天気予報

近年、宇宙天気予報という言葉が聞かれるようになってきました。これはどんなものでしょうか。

無人の人工衛星は無数に、そして有人の人工衛星も数多く地球軌道を周回し、中には国際宇宙ステーションというような、常時、宇宙空間に人間が滞在しているものまであります。

これらの人工衛星等が太陽からの噴出物によって被害を受ける事故がたびたび起こっているので

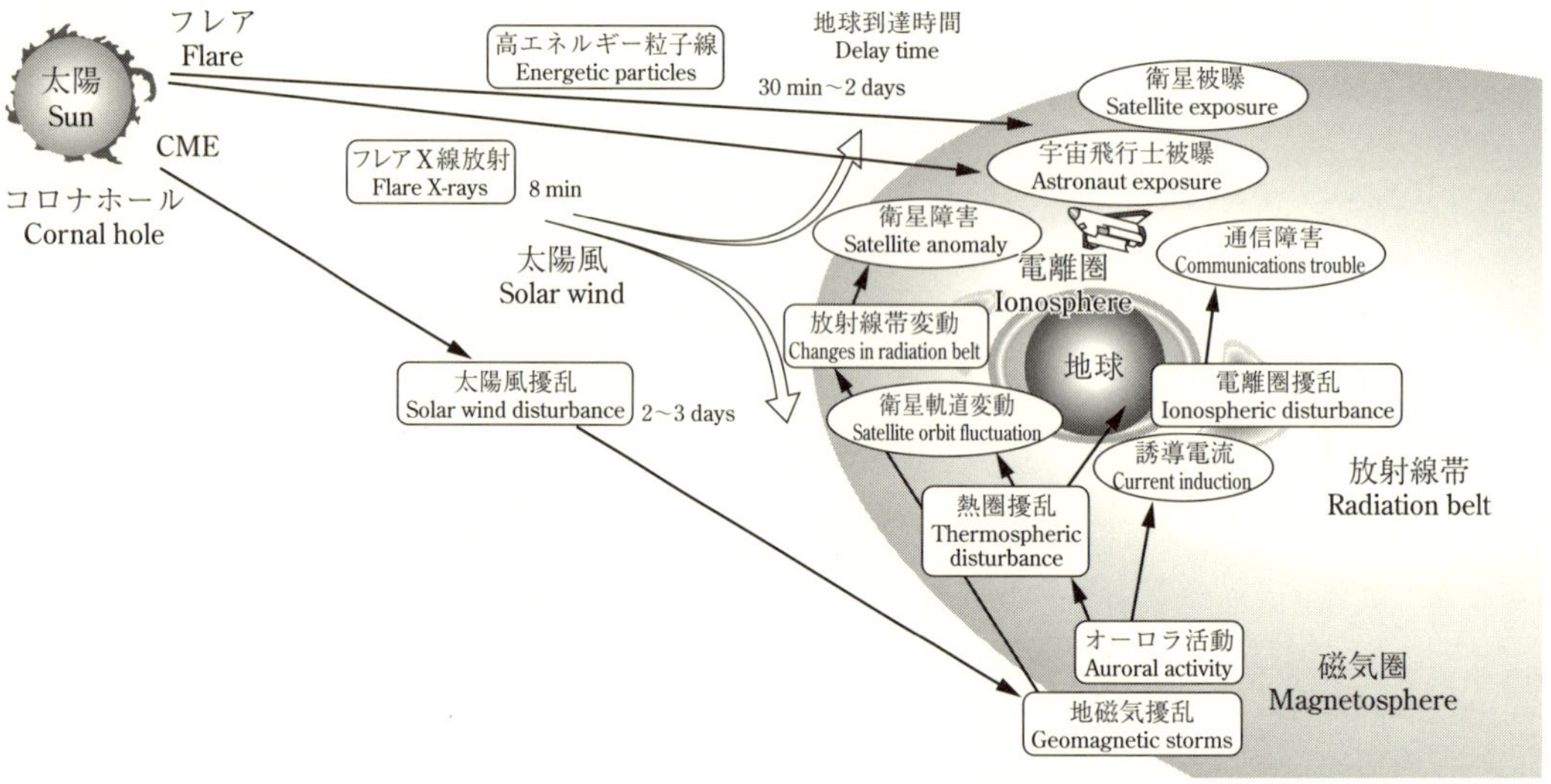

図 27　宇宙環境擾乱の発生と障害（情報通信研究機構提供）

す。ときには、地球上での被害も報告されています。

カナダでの送電線の異常による大停電事故は、太陽からの噴出物が原因であったことが知られています。図27は太陽から地球への噴出物の影響による宇宙環境擾《じょう》乱の発生と障害を示す模式図です。いろいろな障害が発生しており、それらはおもに太陽が原因で生起していることがわかります。表3は障害の発生場所とその要因を示しています。

これらの障害の可能性を事前に察知し、予報しようという試みが世界的に始まっています。これが宇宙天気予報です。これからますます必要となる重要な予報分野であると思います。日本では、独立行政法人情報通信研究機構がこの宇宙天気予報の研究と一部実用化された予報の提供等の業務（ＮＩＣＴ宇宙天気ニュース、http://swnews.nict.go.jp/）を開始しています。

表3　障害の発生場所と要因（情報通信研究機構提供）

発生場所	障　害	要　因
衛星本体	表面帯電 深部帯電 論理素子の反転 材料劣化 軌道変化	磁気圏高温プラズマ 放射線帯粒子 太陽フレア粒子，放射線帯粒子 太陽フレア粒子，放射線帯粒子 熱圏大気膨張
衛星電波	測位誤差 シンチレーション	電離圏全電子数 電離圏不規則構造
有人宇宙活動	放射線被曝	太陽フレア粒子
地上施設	送電システム誘導電流 短波通信障害	地磁気嵐 電離圏嵐，太陽フレアＸ線

5　気象予報の方法

天気予報の方法

大気現象の推移と現在の状況を各種の観測結果から把握し、それをもとにして将来の状態を予測することが天気予報です。

天気予報は、発表当日から明後日までを対象とした短期間の予報のことをいいます。予報の内容は、天気現象や風の移り変わり、降水確率、最高・最低気温、沿岸波浪などについての予想される値を、「晴れ」や「曇り」などの言葉や「三〇℃」や「三メートル」などの数値によって表現しています。

気象庁では全国各地の地方気象台が、地域特性によって各都道府県を予報区に分けて、一日三回の予報を発表しています。

短時間予報

一～三時間程度、もしくは六時間以内先の予報で、降水短時間予報や航空気象予報などの特殊な予報です。

なお、数分～十数分の予報もあり、「ナウキャスト」と呼ばれることがあります。これは短時間予報よりも短く、文字通り「いまの予報」という意味で用いられるものです。空港のドップラー気象レーダなどによる、ダウンバーストなどの予・警報がこれに該当します。アメリカなどで盛んに行われている「竜巻（トルネード）予報」なども、分類上はこのナウキャストに入るかもしれません。

短期予報

六～四十八時間先の予報のことです。これは通常の天気予報です。

中期予報

一週間先の予報のことです。よく耳にする週間予報のことです。

表 4　天気予報の種類

予報の種類	担当官署と予報区	予報要素	予報期間の区分	発表回数・時刻
府県天気予報	全国を 140 に区分した予報区について全国 56 の地方気象台等で分担し細分地域ごとに発表	天気 風 最高・最低気温 降水確率 波浪	今日（当日） 明日（翌日） 明後日（翌々日）	1 日 3 回 05 時 11 時 17 時
週間天気予報	府県天気予報と同じ	天気 最高・最低気温 降水確率 概況	明日（翌日）から 7 日後まで	1 日 1 回 11 時 （17 時に修正を行うことがある）
分布予報	全国 11 の管区・地方気象台等で各地方予報区について発表（約 20 km 四方ごと）	3 時間間隔の天気，降水量，気温及び最高・最低気温（冬期間は 6 時間間隔の降雪量を加える）	発表時刻から 24 時間先まで（18 時発表のものは 30 時間先まで）	1 日 3 回 05 時 11 時 17 時
時系列予報	全国 56 の地方気象台等で府県予報区内の代表的な地域（全国で約 200 の地域）ごとに発表	3 時間間隔の天気，気温，風向・風速	発表時刻から 24 時間先まで（18 時発表のものは 30 時間先まで）	1 日 3 回 05 時 11 時 17 時

表 5　季節予報の種類

種類	発表日時	内　容	予測手法
1 か月予報	毎週金曜日，14 時 30 分	月平均気温，第 1 週・第 2 週・第 3〜4 週の気温，月合計降水量，月合計日照時間，日本海側の月合計降雪量	数値予報（アンサンブル予報）
3 か月予報	毎月 25 日ごろ（22 日〜25 日），14 時	3 か月平均気温，3 か月合計降水量，月ごとの平均気温・降水量，日本海側の 3 か月合計降雪量	数値予報（アンサンブル予報），統計的手法
暖候期予報	毎年 2 月 25 日ごろ（22 日〜25 日），14 時	夏（6〜8 月）平均気温，夏（6〜8 月）合計降水量，梅雨の時期（6〜7 月，南西諸島は 5〜6 月）の降水量	数値予報（アンサンブル予報），統計的手法
寒候期予報	毎年 9 月 25 日ごろ（22 日〜25 日），14 時	冬（12〜2 月）平均気温，冬（12〜2 月）合計降水量，日本海側の冬（12〜2 月）合計降雪量	数値予報（アンサンブル予報），統計的手法

週間予報は，向こう一週間を対象とする一日単位の予報のことです。全国の地方気象台等が，天気，最高・最低気温，降水確率を向こう一週間の天気概況とともに毎日発表しています。

週間予報は後半にいくほど予報精度が低下します。よって，その利用に当たっては最新のものを使用するとともに，予報精度がしだいに悪くなることも考慮しておく必要があります。

長　期　予　報

一か月，もしくは三〜六か月以上先の予報のことで，季節予報もこの中に入ります。

今後は六か月以上先の超長期予報も数値計算で可能になっていくものと思われます。初期値の改善をはかるアンサンブル予報の発展は，今後の数値予報の精度向上に貢献していくものと期待されます。

天気予報の種類を表4に，季節予報の種類とその内容を表5にそれぞれ示します。

天気予報の可能性

天気予報の傾向として，「分布予報」や「時系列予報」が充実してきています。これらは，いままで慣れ親しんできた天気予報が「言葉」で表現していたのに対して，画像情報として視覚に訴える気象情報です。天気の分布等を数十キロメートル四方の領域に分けて予報するのが「分布予報」であり、各都道府県内の代表的な数地点における天気などの推移を数時間ごとに予報するのが「時系列予報」です。

これらの予報は従来の「言葉」ではなく、数値データとして提供されますので、予報を受け取る側で自分のほしい情報として作成しなおす必要があります。降水量や降雪量の分布予報や風向・風速の時系列予報も始まり、充実してきています。

また、数値予報の高精度化が進み、一か月予報、三か月予報としだいに予報時間（期間）が長くなり、季節予報が可能となってきています。今後も、「超長期予報」の可能性も含めて、ますます発展していくものと予想されます。

現在の天気予報は、数値予報と呼ばれる技法で行われています。これは大気の運動と同じような現象をスーパコンピュータを用いて、実際の天気現象が進行する時間よりも早く計算し、事象が起こる前に情報として一般に提供することによって行われています。計算を行うために各種の観測が実施されます。地上での気象観測、アメダスによる自動観測などがその例です。また、上空までの気温や湿度の分布状態や風向・風速の値を風船に計測器をつけて観測する高層気象観測も一日に二～四回の割合で、全世界同時に行われています。

これからの課題として、より正確により長期間の数値予報が実現されることです。また、よりき

表 6 数値予報モデルの概要

（a）

モデル	GSM（全球数値予報モデル）	RSM（領域数値予報モデル）	MSM（メソ数値予報モデル）	TYM（台風数値予報モデル）
利用目的	週間予報，短期予報	短期予報（量的予報）	防災気象情報，降水6時間予報	台風進路，強度予報
水平格子間隔	0.562 5°（T 106）	20 km	10 km	24 km
鉛直格子間隔	40 層（地上～0.4 hPa）	40 層（地上～10 hPa）	40 層（地上～10 hPa）	25 層（地上～17.5 hPa）
予報時間	90 h（00 Z），216 h（12 Z）	51 h	18 h	84 h（台風があるときのみ）
初期時刻	00，12 Z	00，12 Z	00，06，12，18 Z	00，06，12，18 Z

（b）

モデル	週間アンサンブル予報モデル	1か月アンサンブル予報モデル	季節アンサンブル予報モデル	エルニーニョ予測モデル（空海）
利用目的	週間予報	1か月予報	3か月予報，暖・寒候期予報	エルニーニョ現象の予測
水平格子間隔	1.125°	1.125°	1.875°	大気：2.812 5° 海洋：2.5°× 2°
鉛直格子間隔	40 層（地上～0.4 hPa）	40 層（地上～0.4 hPa）	40 層（地上～10 hPa）	大気：21 層（地上～10 hPa） 海洋：20 層（海面～－4000 m）
予報時間	216 時間×25 メンバー（12 Z）	34 日×13 メンバー（12 Z）水・木曜日	120 日×31 メンバー（12 Z，月 1 回） 240 日×31 メンバー（12 Z，月 2 回）	15 か月（月 2 回）
初期時刻	00，12 Z	00，12 Z	00，06，12，18 Z	00，06，12，18 Z（台風があるときのみ）

め細かい領域の数値計算結果によるピンポイント的な予報が実現されることでしょう。これを実現するためには、コンピュータの能力の向上はもちろん、気象観測の初期値を細分化し、確度の高いものとすることです。気象ドップラーレーダ網の整備の推進やアンサンブル予報のさらなる発展が急務と考えられます。

アンサンブル予報は近年実用化されたものですが、誤差の大きくなる観測初期値を改善する技法です。詳しくは巻末に示す参考文献を参照してください。

数値予報モデルの概要は、表6に示します。

気象衛星と天気予報の関係

太平洋上高度およそ三万六千キロメートル上空に打ち上げられた気象衛星により、毎時間、日本付近を中心とするアジアからオーストラリアにかけての衛星写真が撮影されています。

静止気象衛星は「ひまわり」と命名され、およそ三十年の歳月が経過しています。この間、一号から五号までが稼働していました。平均寿命は五年程度です。

二〇〇五年二月には「ひまわり五号」の後継衛星として、航空管制通信等とも共有した使用を目指した運輸多目的衛星として、気象用の静止衛星が打ち上げられました。

気象衛星には赤外線・可視光線・水蒸気のそれぞれを観測するセンサが組み込まれています。赤外線は昼夜の別なく、二十四時間観測でき、地球表面の雲の高度分布を温度の違いから求めます。可視光線は普通の写真と同じく、日中だけですが、地球表面の霧などのように、薄くて地面や海面近くにある雲などは、赤外線では区別できないので、可視光線での写真が有効です。ただし、夜間や日の出・日没前後はよく写らないことが欠点です。

水蒸気センサは、空気中の水蒸気の分布状況をとらえるもので、雨降りの予想に有効です。上空からの雲の写真等の情報を、一時間おきに入手できるようになったことは、気象レーダからの情報とならんで、長年の天気予報のための観測機器の中で、画期的なものの一つであると思います。

気象衛星は、台風の進路予想などに非常に威力を発揮しています。今後も十五分に一回程度に観測間隔を短くした衛星が打ち上げられ、予報精度の向上に貢献するものと期待されます。

気象予報士制度とは

一九九三年に気象業務法が改正され、気象庁長官の許可を受けて予報業務を行おうとする者（正確には「気象業務許可事業所」といい、気象協会など四十ほどの事業所がある）は、現象の予測を「気象予報士」に行わせなければならないと規定されました。

これはどのようなことかというと、「気象予報士は特定の地域の気象現象の予測をする」ということであり、気象庁の発表した天気予報をより一層細かくした形の気象情報として提供する仕事であるということです。

気象庁以外の者が予報業務を行おうとする場合には、つぎの三つの条件を満たす必要があります。すなわち

（1）予報業務を行うために十分な予報資料が収集されており、それらを解析する施設と所要の人員が用意されていること

（2）予報業務を行う目的とその範囲に関係する気象庁が発表する注意報や警報などをすみやかに受けることが可能な施設と所要の人員が用意されていること

（3）予報業務を行う事業所ごとに気象予報士を配置していること

の三点がクリアされていることが、予報業務を行う許可を得る条件です。

気象予報士を誕生させるために、一九九四年から国家試験が実施され、最近は約四千人の受験者に対して、合格者が百五十人程度であり、合格率はなんと四％台となっています。非常に難しい国家試験の一つとなっています。

付録には、この気象予報士試験の傾向と対策を、具体的な勉強方法として平易に説明してありますので、ぜひ参考にして試験にトライしていただきたいと思います。

特　異　日

天気の「特異日」という特定の日があります。この特異日とは、「晴れ」や「雨」が決まって現れる日のことであり、それらの出現する確率が統計的に非常に高くなる独特の日です。

例えば、十一月三日の「文化の日」は、晴れの特異日の代表です。またむかしの十月十日の「体育の日」は、東京オリンピックの開会式の日として選定されましたが、当時の統計で晴れになる確率が高いために選ばれたそうです。スポーツにはもってこいの季節の晴れの特異日です。

ところで、雨や台風の特異日もあります。これらはやはり六月下旬の関東地方での梅雨時の雨の特異日（六月二十八日など）が有名で、また、九月中〜下旬も台風の特異日（九月二十六日など）がそれに該当します。

なお、雷の特異日もあります。夏はやはり八月中〜下旬のころです。また冬の雷の特異日ももちろんあります。著者の観測の拠点である石川県小松市周辺の例ですが、十二月は中〜下旬（例えば十五、十六、二十二、二十五日など）、そして一月下旬（例えば二十二、二十四日など）が、冬季雷の特異日として挙げることができます。

毎冬のシーズンに冬季雷の観測を継続していると、十二月から年末年始をはさんで一月までの約二か月の間に、前記の日付の前後は必ず雷が発生しています。「本当に特異日があるのだな」と思うことが実感としてわかります。

ここで一月から十二月までの各季節の雷の特異日を紹介します。

一月二十日ごろ（冬）：「大寒《だいかん》」と呼ばれて、一年のうちで最も寒くなるときです。このころにあわせて、シベリアからの寒気団が南下し、日本海側は豪雪や冬季雷が起こります。

四月二十日ごろ（春）：「穀雨《こくう》」と呼ばれ、作物への恵みの雨の季節になります。春の雷が鳴り、ひょうが降り、作物に被害が出ることがあります。

八月二十三日ごろ（夏）：「処暑《しょしょ》」と呼ばれ、暑さがおさまり、秋の気配が感じられる季節ですが、強い寒冷前線による界雷と夏の名残の熱雷が合わさって「熱界雷」となり、大きな被害が出ることがあります。

十一月七日ごろ（秋）：「立冬《りっとう》」と呼ばれ、冬の気が立ち始める季節です。寒冷前線により、秋の雷が起こることがあります。

付　録

天気予報の用語

具体的な天気予報をする場合に必要になる用語を以下に示します。「テレビやラジオの気象情報」や「新聞などの天気コーナー解説」を理解することが容易になるでしょう。天気図を見れば、自分のいる場所の天気予報が可能になるでしょう。

（あ行）

秋　　雨：秋（九、十月ごろ）に日本の南海上に停滞した前線から降る雨のこと。

秋雨前線：日本の南岸に停滞してぐずついた雨をもたらす前線のこと。

アメダス：全国約千三百か所にある自動気象観測装置のこと。風向、風速、気温、雨量などを毎時間ごと観測して電話回線でデータを送信します。テレビの気象情報で雨の状況などとして紹介されます。

移動性高気圧：春や秋に大陸から東海上に通過して、日本付近に晴天をもたらす高気圧のこと。

温暖前線：温帯低気圧の中心から前方東側にのび、その北側では広範囲でシトシト雨が降ります。暖気の上を寒気がはい上がって形成される温暖前面が地上と接するところのこと。

（か行）

界　雷：寒冷前線に伴う雷雨のこと。気団と気団の境界に発生しやすいので、このように呼称されます。

寒冷前線：温暖前線に対して、暖気の下をえぐるように寒気が入り込み、温帯低気圧の中心から南西にのび、所々で雷雲が発生します。短時間に強い雨が降り、積乱雲が列を作って帯状になることが多いです。

気象レーダ：波長三〜五センチメートルのマイクロ波を照射し、その反射波を受信することによって降水粒子（雨、雪、あられなど）の位置や空間分布の状況などをとらえる装置のこと。雲粒は小さすぎて見ることができないことに注意。

季　節　風：その季節によく吹く風のこと。冬の大陸からの北西の季節風や夏の南からの季節風が代表例です。

鯨の尾型の気圧配置：小笠原高気圧が日本付近に張り出し、勢力を強めたときに見られる天気図の型で、西日本あたりの等圧線が鯨の尾びれのような形になることからこのように呼ばれます。

降水確率：ある特定の予報地点での一ミリ以上の降水があるかどうかの確率を一〇パーセントきざみで予報する降水確率予報に用いられる数値のこと。〇から一〇〇パーセントまでの十一段階の確率があります。降水確率五〇パーセントとは、ある地点で雨が降るかどうかが五分五分であることを示しています。

高層天気図：地上天気図が地上付近の気圧配置を示しているのに対し、高層天気図は上空の大気の様子を表しています。気球によるレーウィンゾンデ観測などで得られたデータをもとにして、一日二回作成されます。

（さ行）

里雪型気圧配置：平野に多く雪が積もる気圧配置のこと。日本海側に小さな低気圧が発生して、等圧線がゆるむことが特徴です。

集中豪雨：短時間に多量の雨が降り、災害を引き起こすような激しい雨が降り続くこと。台風や梅雨前線、そして寒冷前線によっても引き起こされることがあります。

数値予報：大型のスーパコンピュータを用いて天気の変化等を計算によって予想すること。実際の経過時間よりも速く計算することで、数日から十日ほど先の天気図を作成して予想する手法です。

西高東低の気圧配置：冬の気圧配置の代表です。大陸からシベリア高気圧が張り出し、日本の東の海上では低気圧が発達します。すると気圧差が大きくなり、北西からの季節風が吹き荒れるようになります。

積　乱　雲：かみなり雲や入道雲とも呼ばれ、電光や雷鳴を伴い、雷雨をもたらす雲です。強い上昇気流がある場合にできます。

前　　　線：気団と気団の境目が地上と交わるところのことです。

（た行）

暖　　　域：温暖前線と寒冷前線とに挟まれている領域のこと。通常は南西の風が入り、気温が高くなります。雲はありますが、天気は比較的良好です。

停滞前線：東西に横たわって、ほとんど動かない前線のこと。

（な行）

夏型気圧配置：夏の代表的な気圧配置です。小笠原高気圧が南の海上から張り出し，高温・高湿な南風が吹きます。

南岸低気圧：本州の太平洋沿岸を通過する低気圧のこと。春先に首都圏などに大雪や暴風をもたらすのもこの低気圧です。

日本海低気圧：日本海に進んで発達する低気圧のこと。太平洋側からの南風は山脈を越えて，「フェーン現象」によって高温になります。台風が日本海に進んでも同様です。

熱　界　雷：熱雷と寒冷前線等による界雷が合わさったもののこと。

熱　帯　夜：明け方の最低気温が二五℃以上の日のこと。

熱　　　雷：日射によって発生する雷雨のこと。

（は行）

梅雨前線：六月ごろを中心として，日本付近に停滞して長雨をもたらす前線のこと。

フェーン現象：南からの湿った空気が山を越えるときに水分を雨として降らせ，乾燥した高温の空気が山を下って日本海側の各地に高温と強風をもたらすこと。

不快指数：人間の不快を示す数字のこと。指数七五で半数が、八〇以上でほとんどの人が不快となります。

二つ玉低気圧：太平洋と日本海にそれぞれ、本州を挟んで南北に二つの低気圧ができること。南北に深い気圧の谷になり、悪天となることが多くなります。

閉塞前線：寒冷前線が温暖前線に追いついてできる前線のこと。やはり悪天となることが多くなります。

（ま行）

真夏日：日最高気温が三〇℃以上の日のこと。

真冬日：日最高気温が〇℃以下の日のこと。

（や行）

山雪型気圧配置：季節風が強く山岳部に雪が多く積もる気圧配置のこと。天気図の等圧線が縦じまになり、間隔が狭いのが特徴です。全国的に北西の季節風が強く吹き、特に東北地方の日本海側、北陸地方、山陰地方で豪雪になります。

（ら行）

レーウィンゾンデ観測：上層の大気状態を観測するために、気球に観測機器をつけて飛ばし、気温・湿度・風向風速などを測定すること（一日に二～四回程度観測されます）。

天気記号・天気略語対応表

表 7　天気記号・天気略語対応表

記　号	略　　語	意　　味
	FU	煙
	HZ	煙霧
	HZ	ちり煙霧
	BLSA	砂じん
	PO	じん旋風
	BR	もや
	TS	雷
	SQ	スコール（風の特性）
	FC	ろうと雲，たつまき
	SS	砂じんあらし
	BLSN	吹雪
	FG	霧
	FZFG	着氷性の霧
	DZ	霧雨
	RA	雨
	RASN	みぞれ
	SN	雪
	SHRA	しゅう雨（にわか雨）
	SHSN	しゅう雪（にわか雪）
	TSGS	あられを伴う雷

天気にまつわることわざ

現在でも上空を見上げて大気の状態を観察することを「観天望気《かんてんぼうき》」と呼びます。気象観測と気象予報の最も基礎となるものです。天気予報の技術が確立されていなかった昔は、生活の知恵の一つとしてこのような天気にまつわるさまざまな言い伝えやことわざを利用して気象の情報を収集していたものと推定されます。

「どこどこの山に雲が掛かると雨になる」や「東西南北からの風と天気の関係」、そして「月や太陽にリングのような丸い暈《かさ》が掛かるのは悪天の兆し」など、さまざまな言い伝えやことわざが全国どこにでも多数あるものと思われます。

中には動物や植物にまつわる言い伝えやことわざもあります。「ツバメが低く飛ぶと雨が近く、逆に高く飛ぶと晴れる」や「こぶしの花が多く咲くときは雨が多い」などがあります。

みなそれぞれの地方で言い伝えられている古くからの風習であり、長い経験からきていることわざです。みなさんも自分の地方で、いろいろと天気にまつわる言い伝えやことわざを調べて、天気と比べてその当否を検証してみてはいかがでしょうか。

昔の人々は空模様を見たり、自然の変化に敏感な動植物の状態を観察して、明日の天気を知る努力をしていたことでしょう。これらの多くの経験を集約したものが、「天気俚諺《てんきりげん》：天気にまつわることわざ」として存在しています。

これらの多くの天気にまつわることわざを熟知していれば、天気図や気象衛星写真そして気象レーダなどのデータがなくても、半日先ぐらいまでの天気（雨や雪、雷の有無など）を事前に予察することが可能となります。

登山やハイキングの際に、適切な天気変化に基づく状況判断が可能となるでしょう。

以下に具体的な天気に関することわざについて、いくつかの例を挙げるとともに、それぞれについて簡単に解説しますので、参考にしていただきたいと思います。

①　山が近く見えるときは雨近し。

大気中に水蒸気が多く含まれるようになると、空気の密度差が大きくなり、山などが近くに見えるようになります。このような場合、低気圧や前線が接近してきている場合に起こることが多く、しだいに雨になってくる予兆ということになります。

②　富士山に笠のように雲がかかると雨になる。

このような山のてっぺんに笠のようにかかる雲のことを「笠雲」と呼びます。日本列島の南岸を低気圧や前線が通過するような気圧配置のときには、よくこの笠雲が富士山頂にかかります。半日ぐらいのうちに関東地方には雨が降ってくるようになります。

③　太陽や月のまわりに丸い輪がかかると雨になる。

薄い雲が出て、太陽や月のまわりに丸い輪（リング）がかかることがあります。このリングのことを「暈」と呼びます。上空に巻層雲があり、細かい氷の粒子が多数分布していて、それらの粒子に光が当たってリング状に輝くのです。低気圧の前面ではすでに説明したように、まず上空の薄い雲が出現し、しだいに下のほうの低い雲が出てきて雨になる、という経過をたどります。このため、暈がかかると翌日は雨になることが多いのです。

④　夕焼けの翌日は晴れる。

夕焼けの翌日は天気が良くなるという意味です。日本列島のような中緯度に位置する偏西風帯では、天気は西から東に変化します。そのため西の空が夕焼けに染まり、雲がなければその翌日は天気がよく、晴れるということです。

⑤　朝焼けは雨近し。

朝、東の空が赤く染まれば、西のほうから低気圧が接近して、雨が降るようになるということです。

⑥　飛行機雲がすぐに消えないときは雨近し。

これも上空が湿っていて、西からの低気圧の接近の兆候を示しています。飛行機雲が持続するというのは、上空の水蒸気が豊富になっている証拠です。逆に、すぐに消えてしまう飛行機雲は、上空がそれほど水蒸気を含んでいないことを意味していますので、悪天の兆候でないことが多いのです。

⑦　東風は雨、西風は晴れ。

低気圧が近付くと、東や南からの風が吹くようになり、悪天になることが多く、逆に、晴れて良い天気になると西や北からの風が吹くことが多くなります。これらの風向は一般的なものですので、地方によっては多少方向が違ったり、山すそや盆地ではまったく逆のことわざがあるかもしれません。

⑧　ツバメが低く飛ぶときは雨、高く飛ぶときは晴れ。

ツバメが捕まえるエサである小さな虫たちは、大気中の湿り具合によって、上空から地面近くまで、その分布状況に変化が出ると言われています。湿度の高いときには地面近くに、そして湿度の低いときには上空まで虫が飛んでいくことができるためでしょう。そのため、低気圧などによる悪天の兆候や、高気圧による晴天になることを予察することができるのです。

⑨　ヒバリが高く飛び上がれば晴れ。

このことわざも前の例と同様です。ただし、ヒバリの鳴き声が遠くまで聞こえるのは乾燥した晴天時に多いので、高くヒバリが飛ぶと天気が良いように感じられるのでしょう。

⑩　冬の雷は雪起こし。

冬季の日本海側で、季節風が吹き、寒冷前線が通過して雷が起こり、その後は寒気の流入により雪が降ってくることから、北陸地方ではこのようなことわざが残っています。

⑪ 雷三日。

夏などの雷が発生すると、一日では終わらずに三日程度は同じように雷が発生することが多いようです。上空の寒気が存在する期間が二〜三日程度ですので、このようなことわざが生まれたのでしょう。春や秋では寒冷前線の通過時に雷が発生しますので、一日で終わることが多いようです。

⑫ 暑さ寒さも彼岸まで。

春の彼岸を過ぎると寒さも終わり、秋の彼岸を過ぎると暑さも終わるという意味です。それぞれの彼岸を過ぎると季節が変わるという経験的なことわざです。四季の変化があるわが国では、これらは本当に実感することができることわざであると思います。

⑬ 梅雨明け十日は晴れ続く。

梅雨明けすると一週間から十日ほどは晴天が継続し、真夏の太陽が照りつけます。これは梅雨明けから十日ほどは、太平洋から張り出した夏の小笠原高気圧の勢力が続き、日本付近は暑い晴天になることが多く、晴れが持続するという意味です。

気象予報士試験対策「気象予報士試験に挑戦する方々のために」

1　気象予報士に求められる知識・技能

気象予報士試験はその合格者が「現象の予測」を適確に行うに足る能力を持ち、気象予報士の資格を有することを認定するために行うものです。

具体的には、気象予報士として

（1）今後の技術革新に対処し得るように必要な気象学の基礎知識

（2）各種データを適切に処理し、科学的な予測を行う知識および能力

（3）予測情報を提供するに不可欠な防災上の配慮を適確に行うための知識および能力

の三点を認定することをその目的としています。

2　受験資格

受験資格の制限は特にありませんので、だれでも受験できます。

3　試験地

札幌、仙台、東京、大阪、福岡、那覇

4　試験手数料

一万一千四百円（二〇〇五年五月現在）

5　試験の概要

気象予報士試験は、学科試験と実技試験の二つに別れています。学科試験は択一式で、気象学の基礎的な知識の確認と気象予測基礎となる専門的な知識の確認および関連する法令等の知識を問われます。実技試験は記述式が中心で、気象現象の把握と気象予測の力およびさまざまなデータの処理能力等が問われます。

以下にそれぞれ学科および実技試験の詳しい内容について記述します。

（1）学科試験

気象学の知識（一般知識）

・太陽系の概要及び惑星としての地球

・地球大気の鉛直構造

・大気の熱力学

・降水過程
・大気における放射
・大気力学の基礎
・大規模な大気の運動
・中・小規模の大気の運動
・成層圏と中間圏内の大規模運動

気象予測の基礎（専門知識）

・気象観測の概要
　地上気象観測、高層気象観測、気象レーダ観測、気象衛星観測、気象現象と予測可能性
・気象予報の概要
　数値予報１（原理とモデル）、数値予報２（プロダクト）、総観気象１（偏西風擾乱）、総観気象２（メソ現象）、総観気象３（台風）、各種気象資料の概要、天気への翻訳、ナウキャスティング、予測精度の評価
・気象関連情報と提供形態
・気象災害の概要
・気象情報の利用

関連法令
・気象業務法関連
・災害対策基本法等関連法規
一般知識と専門知識の二つから「学科試験」は構成されています。択一式で一般および専門それぞれ十五問を六十分ずつで解答します。延べ三十問を百二十分、十問当り四分の解答時間しかありません。相当の難問ですので、正確な知識と迅速な判断が必要です。

一般知識の問題は、気象学に関する全般的な問題が出されます。最近の傾向として、地球温暖化や気候変動に関連する問題が増加しています。本書でもこの二つのテーマについては取り上げていますので、もう一度目を通してください。

専門知識では、大気の状態がどのように変化するのかを数値予報資料から読み取るための基礎的事項について問われます。数値予報資料はどのようにして作成されるかやその具体的な利用方法などについて理解しておくことが必要です。気象レーダ観測やアメダス観測等の原理・方法、両者を組合せたレーダ・アメダス雨量合成図を利用した短時間降水予報の原理・利用方法等が出題されます。本書では、これらについては断片的に取り上げたにすぎませんが、該当部分をもう一度チェックして、さらに専門的な書物へと読み進んでいただきたいと思います。天気予報に関する問題では、低気圧の発達やその立体構造の理解、周囲の大気の状態がどうか等を総合的に理解しているかを基本的な問題で確認されます。本書を入門書と位置付け，より詳しい専門書を参考に勉強を進めてほしいと思います。防災関係の問題は，気象災害にはどのようなものがあるか，そして注意報や警報はどんなときに，どのような基準で発表されるか，そしてそれらの情報がどのように伝達されるか等についても理解しておく必要があります。

（2）実技試験

実技試験では，以下の三つのポイントを問われます。すなわち

- 気象現象とその変動に関する総合的な判断能力の試験
- 局地的な気象予測のための能力の試験
- 特に，災害の発生が予想される現象に関するデータの処理能力の試験

の三点です。

日常的に気象予報の現場で行われる観測・解析・予想に用いられる資料から，前線や低気圧の位置決めや温帯低気圧の発達の有無等の判断，警戒すべき気象現象の予測などを適切な文章にまとめる問題が出されます。気象予報士に期待される能力は，各種気象資料等から気象庁の予報官の作成・発表した天気予報等を，平易な表現により一般の利用者に提供することです。また，注意報や警報などに対しても，防災という位置付けから適切に対処できる能力が試されます。

出題の中心は，温帯低気圧・上空に寒気を伴う寒冷低気圧・前線・台風等の低気圧の動向です。

それらの立体構造や発達・衰弱のライフサイクルと熱交換のメカニズムの関係について問われることがしばしばです。さらに、それら低気圧に伴う大雨や大雪など防災という観点からの出題もあります。

先に述べた三点について、さらに試験の出題内容の細部について紹介しておきます。

①気象衛星の画像、高層および地上の実況天気図と予想天気図等から、気象概況、今後の推移および特に注目される現象についての予測上の着眼点等を問われます。

②予報業務許可事業者の通常の業務を遂行するために必要な能力を、「予報業務の計画立案」と具体的な「局地の予報の能力」を中心に、具体的な業務形態に即して問われます。

③台風の来襲等、災害の発生が予想される場合に、気象台の発表する警報、ナウキャスティング等、実況監視データを用いて適切に対処するための基礎的な能力が問われます。

以上のそれぞれの出題内容の細部を理解して、繰り返して勉強してください。

（3）学科および実技試験問題の例

〔学科試験択一問題〕

Q：気象災害についての記述である。つぎのうち、正しいものはどれか？

1　台風災害は、強風と大雨によってのみ発生する。

2　フェーン現象が発生すると、空気が異常に乾燥して火事が起きやすい。

3　集中豪雨は、単一な小さな積乱雲から発生することが多い。
4　寒冷低気圧による気象現象は、雷雨や異常低温の継続時間が短いことである。
A：正解は、2番。
（解説）
1　台風の大雨が止んだ後でも、降雨量が多いときには「崖崩れ」や「山崩れ」などの災害が起こる可能性がある。
2　正解：1章にて「フェーン現象」として説明済み。
3　集中豪雨は、つぎつぎと継続的に発生する積乱雲の群によって引き起こされる。
4　寒冷低気圧は動きが遅く、これに伴う気象現象の継続時間は長い。
〔実技試験記述問題〕
Q：温帯低気圧の発達のメカニズムを二百字程度で述べよ。
A：北半球においては、緯度による太陽からの南北の熱的な差ができ、北からの寒気と南からの暖気がぶつかり合って前線（停滞前線）ができる。一方、地球の自転により反時計回りの回転が助長され、前線上に温帯低気圧が発生し、その低気圧上空の上昇流と気圧の谷が地上から上空にかけて進行方向の西側に傾くときに、この低気圧は発達する。なぜなら、低気圧の前面での暖気の上昇と、その後面での寒気の降下によりそれぞれの空気塊が持つエネルギーが低気圧

表8　試験科目

（a）学科試験の科目

1	予報業務に関する一般知識
	イ　大気の構造
	ロ　大気の熱力学
	ハ　降水過程
	ニ　大気における放射
	ホ　大気の力学
	ヘ　気象現象
	ト　気候の変動
	チ　気象業務法その他の気象業務に関する法規
2	予報業務に関する専門知識
	イ　観測の成果の利用
	ロ　数値予報
	ハ　短期予報・中期予報
	ニ　長期予報
	ホ　局地予報
	ヘ　短時間予報
	ト　気象災害
	チ　予想の精度の評価
	リ　気象の予想の応用

（b）実技試験の科目

1	気象概況及びその変動の把握
2	局地的な気象の予想
3	台風等緊急時における対応

の発達のためのエネルギーに変換されるためである。（二百三十三字）

（解説）

南北での太陽熱の不均衡、地球の自転の効果、寒気と暖気の相互作用等が複雑に絡み合って低気圧が発生し、発達する。以下は専門的になるので省略する。

なお、試験要綱等は各回ごとに随時変更になる可能性があるので、気象業務支援センターへ問い合わせて、最新情報を確認してください。表8に試験科目の内容を示します。

あとがき

平易な表現による気象学と天気予報の入門書の試みは、非常に困難を極めました。テーマをどのように定め、項目をどのように絞るか、そしてどの程度の内容を記述するかという問題が終始付きまといました。「まえがき」で言及したように、総花的な構成は取らずに、あくまでも「気象学」という一本の木の幹を想定して、それに必要最低限の枝葉を加えていくことを基本として記述しました。その結果、項目として非常に重要なものやその説明が多数取り上げられていないということになったのではないかと危惧しています。また、説明のある部分においては不明確や不適切なところも多々あるかと思われますが、これらはすべて著者の浅学に帰するところでありますので、ご勘弁いただきたいと思います。しかし、気象予報の入門書としては、最低限の内容を盛り込み、以後の専門的な書物への導入を図ったつもりです。

読者各位が、本書をきっかけとしてさらに気象学、気象現象そして天気予報等に興味を持たれ、巻末に示した参考文献を読み進んでさらに知識を深め、一人でも多くの志のある方々が、気象予報に親しみ、気象予報士試験にもどんどん挑戦していってほしいと思います。

二十一世紀を迎えて、一人でも多くの若者が自然現象の未知なる分野の解明に挑戦していただきたいと思っています。また、研究者ではない一般の方々についても、自分たちが生活しているこの地球上には、「多くの未知なものがあるんだな」、「いろいろな研究がやられているんだな」というような新たな疑問や認識を持っていただいて、科学技術の発展にいろいろな方面からの理解と協力が得られれば幸いと思っています。

最後に、本書の図・表等の作成・提供に協力してくださった関係各位にこの場をお借りして感謝いたします。

参考文献

一、関岡　満：『気象学』、東京教学社（一九八一）

二、古川武彦：『わかりやすい天気予報の知識と技術』、オーム社（一九九八）

三、股野宏志：『天気予報のための大気の運動と力学』、東京堂出版（一九九七）

四、北川信一郎・河崎善一郎・三浦和彦・道本光一郎：『大気電気学』、東海大学出版会（一九九六）

五、日本大気電気学会編：『大気電気学概論』、コロナ社（二〇〇三）

六、道本光一郎：『冬季雷の科学』、コロナ社（一九九八）

七、櫃間道夫：『気象百科』、オーム社（二〇〇四）

八、古川武彦・酒井重典：『アンサンブル予報』、東京堂出版（二〇〇四）

九、早川正士：『宇宙からの交響楽』、コロナ社（一九九三）

気象予報入門

2005年 6 月30日 初版第 1 刷発行

検印省略

著　者　道《みち》 本《もと》 光《こう》 一《いち》 郎《ろう》

発 行 者　株式会社 コ ロ ナ 社

代 表 者　牛 来 辰 巳

印 刷 所　萩 原 印 刷 株 式 会 社

112-0011 東京都文京区千石 4-46-10

発行所 株式会社 **コ ロ ナ 社**

CORONA PUBLISHING CO., LTD.

Tokyo Japan

振替 00140-8-14844・電話 (03) 3941-3131(代)

ホームページ http://www.coronasha.co.jp

ISBN 4-339-07703-8　（横尾）　（製本：愛千製本所）

Printed in Japan

新コロナシリーズ
発刊のことば

西欧の歴史の中では、科学の伝統と技術のそれとははっきり分かれていました。それが現在では科学技術とよんで少しの不自然さもなく受け入れられています。つまり科学と技術が互いにうまく連携しあって今日の社会・経済的繁栄を築いているといえましょう。テレビや新聞でも科学や新しい技術の紹介をとり上げる機会が増え、人々の関心も大いに高まっています。

反面、私たちの豊かな生活を目的とした技術の進歩が、そのあまりの速さと激しさゆえに、時としていささかの社会的ひずみを生んでいることも事実です。

これらの問題を解決し、真に豊かな生活を送るための素地は、複合技術の時代に対応した国民全般の幅広い自然科学的知識のレベル向上にあります。

以上の点をふまえ、本シリーズは、自然科学に興味をもたれる高校生なども含めた一般の人々を対象に自然科学および科学技術の分野で関心の高い問題をとりあげ、それをわかりやすく解説する目的で企画致しました。また、本シリーズは、これによって興味を起こさせると同時に、専門分野へのアプローチにもなるものです。

●投稿のお願い

「発刊のことば」の趣旨をご理解いただいた上で、皆様からの投稿を歓迎します。

パソコンが家庭にまで入り込む時代を考えれば、研究者や技術者、学生はむろんのこと、産業界の人も家庭の主婦も科学・技術に無関心ではいられません。

このシリーズ発刊の意義もそこにあり、したがって、テーマは広く自然科学に関するものとし、高校生レベルで十分理解できる内容とします。また、映像化時代に合わせて、イラストや写真を豊富に挿入し、できるだけ広い視野からテーマを掘り起こし、科学はむずかしい、という観念を読者から取り除き興味を引き出せればと思います。

●体　裁

判型・頁数：B六判　一五〇頁程度

字詰：縦書き　一頁　四四字×十六行

なお、詳細について、また投稿を希望される場合は前もって左記にご連絡下さるようお願い致します。

●お問い合せ

コロナ社　企画部

電話（〇三）三九四一－三一三六

新コロナシリーズ

（各巻B6判）

	書名	著者	頁	定価
1.	ハイパフォーマンスガラス	山根正之著	176	1223円
2.	ギャンブルの数学	木下栄蔵著	174	1223円
3.	音戯話	山下充康著	122	1050円
4.	ケーブルの中の雷	速水敏幸著	180	1223円
5.	自然の中の電気と磁気	高木相著	172	1223円
6.	おもしろセンサ	國岡昭夫著	116	1050円
7.	コロナ現象	室岡義廣著	180	1223円
8.	コンピュータ犯罪のからくり	菅野文友著	144	1223円
9.	雷の科学	饗庭貢著	168	1260円
10.	切手で見るテレコミュニケーション史	山田康二著	166	1223円
11.	エントロピーの科学	細野敏夫著	188	1260円
12.	計測の進歩とハイテク	高田誠二著	162	1223円
13.	電波で巡る国ぐに	久保田博南著	134	1050円
14.	膜とは何か —いろいろな膜のはたらき—	大矢晴彦著	140	1050円
15.	安全の目盛	平野敏右編	140	1223円
16.	やわらかな機械	木下源一郎著	186	1223円
17.	切手で見る輸血と献血	河瀬正晴著	170	1223円
18.	もの作り不思議百科 —注射針からアルミ箔まで—	JSTP編	176	1260円
19.	温度とは何か —測定の基準と問題点—	櫻井弘久著	128	1050円
20.	世界を聴こう —短波放送の楽しみ方—	赤林隆仁著	128	1050円
21.	宇宙からの交響楽 —超高層プラズマ波動—	早川正士著	174	1223円
22.	やさしく語る放射線	菅野・関共著	140	1223円
23.	おもしろ力学 —ビー玉遊びから地球脱出まで—	橋本英文著	164	1260円
24.	絵に秘める暗号の科学	松井甲子雄著	138	1223円
25.	脳波と夢	石山陽事著	148	1223円
26.	情報化社会と映像	樋渡涓二著	152	1223円
27.	ヒューマンインタフェースと画像処理	鳥脇純一郎著	180	1223円
28.	叩いて超音波で見る —非線形効果を利用した計測—	佐藤拓宋著	110	1050円
29.	香りをたずねて	廣瀬清一著	158	1260円
30.	新しい植物をつくる —植物バイオテクノロジーの世界—	山川祥秀著	152	1223円

31.	磁石の世界	加藤哲男著	164	1260円
32.	体を測る	木村雄治著	134	1223円
33.	洗剤と洗浄の科学	中西茂子著	208	1470円
34.	電気の不思議 —エレクトロニクスへの招待—	仙石正和編著	178	1260円
35.	試作への挑戦	石田正明著	142	1223円
36.	地球環境科学 —滅びゆくわれらの母体—	今木清康著	186	1223円
37.	ニューエイジサイエンス入門 —テレパシー，透視，予知などの超自然現象へのアプローチ—	窪田啓次郎著	152	1223円
38.	科学技術の発展と人のこころ	中村孔治著	172	1223円
39.	体を治す	木村雄治著	158	1260円
40.	夢を追う技術者・技術士	CEネットワーク編	170	1260円
41.	冬季雷の科学	道本光一郎著	130	1050円
42.	ほんとに動くおもちゃの工作	加藤孜著	156	1260円
43.	磁石と生き物 —からだを磁石で診断・治療する—	保坂栄弘著	160	1260円
44.	音の生態学 —音と人間のかかわり—	岩宮眞一郎著	156	1260円
45.	リサイクル社会とシンプルライフ	阿部絢子著	160	1260円
46.	廃棄物とのつきあい方	鹿園直建著	156	1260円
47.	電波の宇宙	前田耕一郎著	160	1260円
48.	住まいと環境の照明デザイン	饗庭貢著	174	1260円
49.	ネコと遺伝学	仁川純一著	140	1260円
50.	心を癒す園芸療法	日本園芸療法士協会編	170	1260円
51.	温泉学入門 —温泉への誘い—	日本温泉科学会編	144	1260円
52.	摩擦への挑戦 —新幹線からハードディスクまで—	日本トライボロジー学会編	176	1260円
53.	気象予報入門	道本光一郎著	118	1050円

定価は本体価格+税5％です。
定価は変更されることがありますのでご了承下さい。

図書目録進呈◆